危险化学品重大危险源
技术负责人
工伤预防知识

中国化学品安全协会 ◎ 组织编写

中国劳动社会保障出版社

图书在版编目（CIP）数据

危险化学品重大危险源技术负责人工伤预防知识/中国化学品安全协会组织
编写. -- 北京：中国劳动社会保障出版社，2022

危险化学品重大危险源包保责任人工伤预防能力提升培训系列教材

ISBN 978-7-5167-5495-5

Ⅰ.①危…　Ⅱ.①中…　Ⅲ.①化工产品-危险品-工伤事故-事故预防-技术培
训-教材　Ⅳ.①X928.503

中国版本图书馆 CIP 数据核字（2022）第 125719 号

中国劳动社会保障出版社出版发行

（北京市惠新东街1号　邮政编码：100029）

*

三河市华骏印务包装有限公司印刷装订　新华书店经销

787 毫米×1092 毫米　16 开本　15.25 印张　223 千字
2022 年 8 月第 1 版　2022 年 8 月第 1 次印刷

定价：52.00 元

读者服务部电话：（010）64929211/84209101/64921644

营销中心电话：（010）64962347

出版社网址：http://www.class.com.cn

编委会

前言

我国历来高度重视工伤预防工作。2020年12月，人力资源社会保障部、工业和信息化部、财政部、住房城乡建设部、交通运输部、国家卫生健康委员会、应急管理部、中华全国总工会联合印发《工伤预防五年行动计划（2021—2025年)》，提出瞄住盯紧工伤事故和职业病高发的危险化学品等重点行业企业、深入推进工伤预防培训等任务。

为了落实《工伤预防五年行动计划（2021—2025年)》，提升危险化学品领域从业人员工伤预防意识和能力，2021年12月，人力资源社会保障部、应急管理部联合印发《关于实施危险化学品企业工伤预防能力提升培训工程的通知》（人社部函〔2021〕168号）（以下简称"通知"）。通知要求，深入学习贯彻习近平总书记关于安全生产重要论述，紧紧围绕从源头上消除事故隐患，实施危险化学品企业工伤预防能力提升培训工程。2022年，将重点轮训重大危险源主要负责人、技术负责人和操作负责人。

重大危险源能量集中，一旦发生事故破坏力强，伤亡大、损失大、影响大。为有效遏制重特大事故发生，通知提出"重点保障重大危险源企业相关人员培训""2022年重点轮训重大危险源包保责任人"的要求，更加凸显出管控好重大危险源对于防范化解危险化学品重大安全风险的重要性，表明了加强重大危险源包保责任人培训对于提升重大危险源安全生产基础保障水平的必要性和紧迫性。自《危险化学品企业重大危险源安全包保责任制办法（试行)》施行以来，重大危险源主要负责人、技术负责人、操作负责人成为企业重大危险源安全管控的关键人群，各负其责，在保障重大危险源安全平稳运行方面发挥着重要作用。按照通知要求，对重大危险源包保责任人开展针对性安全培训，有利于进一步压实包保责任，提升履责能力，确保重大危险源风险受控、安全运行，遏制重特大事故发生。

为了提升重大危险源包保责任人工伤预防能力提升培训质量，帮助重大危险源包保责任人学习和掌握落实重大危险源包保责任必需的安全生产知识，中国化学品安全协会组织专家，按照应急管理部下发的《重大危险源包保责任人培训要点》，结合我国重大危险源安全管理现状，梳理重大危险源安全生产应知应会知识，编写了"危险化学品重大危险源包保责任人工伤预防能力提升培训系列教材"。本套教材包括以下四个分册：《危险化学品重大危险源主要负责人工伤预防知识》《危险化学品重大危险源技术负责人工伤预防知识》《危险化学品重大危险源操作负责人工伤预防知识》和《危险化学品重大危险源包保责任人工伤预防能力提升培训习题集》。

本套丛书在编写过程中，参阅了相关资料与著作。在此对有关著作者和专家表示感谢。本套丛书力求内容全面、知识实用，但由于编者水平所限，书中恐有疏漏，敬请广大读者批评指正并提出宝贵意见。

编委会

2022 年 7 月

内容简介

本书围绕安全生产有关法律、法规、规章、标准及文件对危险化学品重大危险源技术负责人安全管理的要求编写,着重从技术管理层面提升重大危险源技术负责人对重大危险源的安全风险管控能力。

本书以重大危险源技术负责人应该了解的安全生产知识和管理技能为出发点,以问答的形式介绍了重大危险源基础知识、重大危险源安全生产管理、重大危险源安全生产技术和重大危险源事故应急管理等内容。所选题目针对性强,内容解析专业翔实,文字语言通俗易懂。本书适合危险化学品企业相关人员学习和使用,适用于危险化学品企业工伤预防能力提升培训及安全生产培训等,也可作为第三方咨询机构相关人员提升业务技能的参考书籍。

目录

第一章
重大危险源基础知识

第一节　重大危险源的由来、安全生产特点与发展现状

一、重大危险源的由来与发展历程

1. 重大危险源提出的背景是什么？

随着石油化工行业的迅猛发展，大量易燃易爆、有毒有害、有腐蚀性等的危险化学品不断问世，它们作为工业生产的原料或产品出现在生产、储存、使用和经营等过程中。危险化学品的固有危险性给人的生命带来了极大威胁。1974 年，英国弗利克斯伯勒（Flixborough）己内酰胺生产装置爆炸事故造成厂内 28 人死亡、36 人受伤，厂外 53 人受伤。1976 年，意大利塞维索二噁英泄漏事故造成 30 人伤亡，迫使 22 万人紧急疏散。1984 年，墨西哥液化石油气爆炸事故使 650 人丧生，数千人受伤。1984 年，印度博帕尔农药厂异氰酸甲酯泄漏恶性中毒事故，造成 2.5 万人中毒死亡，20 余万人中毒受伤（其中大多数人双目失明），67 万人受到残留毒气的影响。1989 年，山东省黄岛油库发生重大火灾爆炸事故，造成 19 人死亡、100 多人受伤，直接经济损失 3 540 万元。1997 年，北京东方化工厂爆炸事故造成 9 人死亡，直接经济损失 1 亿多元。2004 年，重庆市江北区天原化

工厂氯氢分厂 5 个液氯储槽罐发生爆炸，致使两边建筑物部分倒塌，造成 9 人死亡、3 人受伤，附近约 15 万人被迫紧急疏散。这些涉及危险化学品的事故，尽管其起因和影响不尽相同，但它们都有一些共同特征，如都是失控的偶然事件，会造成大量人员伤亡，或是造成大量的财产损失或环境损害，或是两者兼而有之。事实表明，造成重大工业事故的可能性和严重程度，既与危险化学品的固有危险性有关，又与设施中实际存在的危险化学品数量有关。

20 世纪 70 年代以来，预防重大工业事故已引起国际社会的广泛重视。随之产生了重大危害、重大危害设施（国内称为重大危险源）等概念。1993 年 6 月，第 80 届国际劳工大会通过的《预防重大工业事故公约》将重大事故定义为：在重大危害设施内的一项活动过程中出现意外的、突发性的事故，如严重泄漏、火灾或爆炸，其中涉及一种或多种危险物质，并导致对工人、公众或环境造成即刻的或延期的严重危险。《预防重大工业事故公约》将重大危害设施定义为：不论长期地或临时地加工、生产、处理、搬运、使用或储存数量超过临界量的一种或多种危险物质，或多类危险物质的设施（不包括核设施、军事设施以及设施现场之外的非管道运输设施）。我国国家标准《危险化学品重大危险源辨识》（GB 18218—2018）中将重大危险源定义为：长期地或临时地生产、储存、使用和经营危险化学品，且危险化学品的数量等于或超过临界量的单元。

2. 我国对重大危险源的研究经历了哪些发展历程？

我国从 20 世纪 80 年代开始重视对重大危险源的辨识、分析和评价，并初步在生产实际中加以应用。

1996 年 2 月，由劳动部主持完成的国家"八五"科技攻关课题《重大危险源评价和宏观控制技术研究》通过国家科委组织的专家鉴定和验收。该课题提出了一套适合中国国情的重大危险源辨识、评价、分级方法及安全监察、管理措施。

1997 年，劳动部在北京、上海、天津、深圳、成都、青岛 6 个城市进行了重大危险源普查试点工作，取得了良好的成效。

2000 年，国家标准《重大危险源辨识》（GB 18218—2000）发布，作为重大危险源辨识的依据，并于 2009 年和 2018 年进行了修订。

2002 年，《中华人民共和国安全生产法》和《危险化学品安全管理条例》发布并实施，对生产经营单位提出应对重大危险源登记建档、定期检测、评估、监控、制定应急预案、备案等要求，标志着重大危险源的安全监管纳入法律、法规层次。

2003 年，国家安全生产监督管理局在辽宁、江苏、福建、广西、甘肃、浙江、重庆等省市开展重大危险源申报登记试点工作。

2004 年，国家安全生产监督管理局、国家煤矿安全监察局印发了《关于开展重大危险源监督管理工作的指导意见》，提出要加强重大危险源管理，统一标准，规范运行。

2011 年，国家安全生产监督管理总局颁布了《危险化学品重大危险源监督管理暂行规定》，提出了危险化学品重大危险源辨识、分级、评估、登记建档、监测监控、备案和核销以及安全监督检查等要求。

2019 年，国家标准《危险化学品生产装置和储存设施风险基准》（GB 36894—2018）和《危险化学品生产装置和储存设施外部安全防护距离确定方法》（GB/T 37243—2019）实施，用于确定陆上危险化学品企业新建、改建、扩建和在役生产、储存装置的社会风险、个人风险和外部安全防护距离。

2020 年，中共中央办公厅、国务院办公厅印发《关于全面加强危险化学品安全生产工作的意见》，部署开展危险化学品安全专项整治三年行动，要求突出重大危险源企业，实施最严格的治理整顿。

2021 年，应急管理部办公厅印发了《危险化学品企业重大危险源安全包保责任制办法（试行）》，要求有关企业完善危险化学品重大危险源安全风险管控制度，明确重大危险源的主要负责人、技术负责人、操作负责人，从总体管理、技术管理、操作管理 3 个层面对重大危险源实行安全包保，目的是压实企业安全生产主体责任，规范和强化重大危险源安全风险防控工作，有效遏制重特大事故。

二、重大危险源与事故的关系

1. 如何理解危险源?

危险源是导致事故发生的根源。根据能量意外释放理论，事故是能量或危险物质的意外释放。能量或危险物质不能孤立存在，它们必须处于一定的载体中，而该载体也必须处于一定的环境中。为此，把系统中存在的、可能发生能量或危险物质意外释放的设备、设施或场所称作危险源。影响危险源安全性的因素种类繁多、非常复杂，它们在导致事故发生、造成人员伤害和财物损失方面所起的作用并不相同。根据危险源在事故发生、发展中的作用，把危险源划分为两大类，即第一类危险源和第二类危险源。

第一类危险源是指系统中存在的、可能发生意外释放的能量或危险物质。常见的第一类危险源包括：产生、供给能量的装置、设备；使人体或物体具有较高势能的装置；能量载体；一旦失控可能产生巨大能量的装置、设备、场所，如强烈放热反应的化工装置等；一旦失控可能发生能量蓄积或突然释放的装置、设备、场所，如各种压力容器等；危险物质，如各种有毒、有害、可燃烧爆炸的物质等；生产、加工、储存危险物质的装置、设备、场所；人体一旦与之接触将导致人体能量意外释放的物体。

第一类危险源具有的能量越多，一旦发生事故其后果越严重；相反，第一类危险源处于低能量状态时比较安全。同样，第一类危险源包含的危险物质的数量越多，其危险性越大。

在生产过程中，为了利用能量，使能量按照人们的意图在系统中流动、转换和做功，必须采取措施约束、限制能量。约束、限制能量的控制措施应该可靠，防止能量意外释放。导致约束、限制能量的控制措施失效或破坏的各种不安全因素称作第二类危险源，包括人、物、环境3个方面。人失误可能直接破坏对第一类危险源的控制，造成能量或危险物质意外释放。物的因素可以概括为物的故障，可能直接使约束、限制能量或危险物质的措施失效而发生事故。有时一种物的故障可能导致另一种物的故障，最终造成能量或危险物质意外释放。环境因素主要指系统运行的环境，包括温度、湿度、照明、粉尘、通风、噪声和振动等物理环境，以及企业和社会的软环境。不良的环境会引起物的故障或人的失误。

事故的发生是两类危险源共同起作用的结果。第一类危险源的存在是事故发生的前提，没有第一类危险源就谈不上能量或危险物质的意外释放，也就无所谓事故。另外，如果没有第二类危险源破坏对第一类危险源的控制，也不会发生能量或危险物质的意外释放。第二类危险源的出现是第一类危险源导致事故的必要条件。在事故的发生、发展过程中，两类危险源相互依存、相辅相成。第一类危险源在事故时释放出的能量是导致人员伤亡或财物损失的能量主体，决定事故后果的严重程度；第二类危险源出现的难易决定事故发生的可能性大小。两类危险源共同决定危险源的危险性。

2. 重大危险源与事故的关系是什么？

长期地或临时地生产、储存、使用和经营危险化学品，且危险化学品的数量等于或超过临界量的单元称为重大危险源。由此可知，重大危险源是系统中存在的、可意外释放的能量或危险物质大于临界量的设备、设施或场所。

重大危险源一旦发生事故，就会伴随着大量能量或危险物质的释放，从而造成大量的人员伤亡和财产损失。涉及重大危险源生产、储存、使用的装置，其发生的事故最易造成灾难性后果。从类别上看，发生的事故主要是火灾、爆炸、中毒和窒息。在危险化学品生产和使用过程中，人员接触有毒有害的危险化学品是难以避免的。危险化学品泄漏以后，极有可能引起火灾、爆炸和中毒事故，而火灾和爆炸事故往往会引起一系列的连锁反应，从而造成更大的泄漏，引发更为严重的火灾和爆炸事故。火灾和爆炸事故可能导致人员伤亡和财产损失，危险化学品泄漏后还可能污染大气和水源，造成人员中毒，其事故案例不胜枚举。由此可见，重大危险源很可能成为导致事故发生的根源。

三、重大危险源安全生产特点

重大危险源安全生产有哪些特点？

（1）构成重大危险源的危险化学品绝大多数具有易燃易爆、有毒有害、腐蚀等危险性，这些危险性决定了在涉及重大危险源生产、储存、使用、运输等过程中要严加管控，否则稍有不慎就会酿成事故。近年来，企业在涉及重大危险源生产、储存、使用、装卸、废弃处置等环节均发生过严重事故。江苏德桥仓储有限公司"4·22"较大火灾事故是作业人员在重大危险源场所进行动火作业时，对作业风险管控不到位导致的；河北盛华化工有限公司"11·28"重大爆燃事故是在涉及重大危险源的装置生产过程中作业人员错误操作导致的；山东石大科技公司"7·16"着火爆炸事故是作业人员在重大危险源罐区违规采取注水倒罐的方法，且在切水过程中现场无人值守导致的。

（2）随着石油化工生产日趋复杂，构成重大危险源的生产、储存装置规模越来越大，储存的危险物料越来越多，对生产、储存装置的本质安全和安全管理要求也越来越高。这些装置一旦发生事故，后果往往很严重。例如，山东临沂金誉石化"6·5"重大爆炸着火事故共造成10人死亡、9人受伤。

（3）涉及重大危险源的生产工艺过程复杂，工艺条件苛刻，常常需要高压、高温或深度冷冻等，工艺参数发生变化易使工艺过程失控进而引发事故。例如，用丙烯和空气直接氧化生成丙烯酸的反应，各种物料的浓度就处于爆炸极限附近，而且反应温度超过中间产品丙烯醛的燃点，生产控制上稍有偏差就可能发生事故。

（4）石油化工生产，特别是大、中型石油化工生产多为连续化生产，前后单元息息相关，相互制约。某一环节发生故障，常常会影响整个装置运行；某一装置发生事故，也有可能波及其他邻近装置。在危险化学品生产区、储存区或装卸区，一个重大危险源发生事故，可能会影响邻近单元，导致其他危险源相继发生事故，造成事故蔓延。许多化工企业的重大事故都伴随有多米诺效应发生，它是造成事故损失加剧、灾难升级的一个重要原因。例如，河南省三门峡市河南煤气集团义马气化厂"7·19"重大爆炸事故，事故原因是空气分离装置冷箱泄漏未及时处理，发生"砂爆"，进而引发冷箱倒塌，导致附近500 m³液氧储罐（构成重大危险源）破裂，周围可燃物在液氧或富氧条件下发生爆炸、燃烧，造成15人死亡、16人重伤。

总之，涉及重大危险源的装置一旦工艺失控或物料泄漏，极易发生重大火灾爆炸或人员中毒事故，造成重大人员伤亡和财产损失，破坏力强，社会影响大。因此，重大危险源是危险化学品安全生产管理工作的重中之重，必须严格加强管理，采取更严格的管控措施，防止出现事故。

? 思考题

> 1. 我国为什么高度重视重大危险源安全生产工作？
>
> 2. 在你所了解的近10年化工（危险化学品）事故中，哪些事故涉及重大危险源？
>
> 3. 企业应从哪些方面加强重大危险源安全管理？

第二节　重大危险源的辨识与分级

一、重大危险源辨识

1. 危险化学品重大危险源、单元和临界量分别是如何定义的？

根据《危险化学品安全管理条例》，危险化学品是指具有毒害、腐蚀、爆炸、燃烧、助燃等性质，对人体、设施、环境具有危害的剧毒化学品和其他化学品。

根据《危险化学品重大危险源辨识》（GB 18218—2018），危险化学品重大危险源是指长期地或临时地生产、储存、使用和经营危险化学品，且危险化学品的数量等于或超过临界量的单元。

单元是指涉及危险化学品的生产、储存装置、设施或场所，分为生产单元和储存单元。

临界量是指某种或某类危险化学品构成重大危险源所规定的最小数量。

2. 重大危险源生产单元和储存单元是如何划分的？

生产单元是危险化学品的生产、加工及使用等的装置及设施，以具有明显防火间距和相对独立的功能为划分原则。当装置及设施之间有切断阀的，以切断阀作为分隔界限划分为独立的单元；单元间如无切断阀的，按一个生产单元进行划分。对于生产装置内的中间储罐，原则上与生产装置一起进行重大危险源辨识。

储存单元是用于储存危险化学品的储罐或仓库组成的相对独立的区域。储罐区以罐区防火堤为界限划分为独立的单元。储罐区未集中布置的，则应分别划分单元进行辨识。仓库以独立库房（独立建筑物）为界限划分为独立的单元。对于一个生产厂房内有多套生产设施的，按照一个单元进行辨识。一个生产厂房内的中间仓库与厂房整体一起进行单元辨识。罐式集装箱、汽车槽车、火车槽车等可移动设备如作为固定设施进行管理的，应与固定设施一起进行重大危险源辨识。

3. 如何确定危险化学品的临界量？

危险化学品临界量按照以下方法进行确定：

（1）《危险化学品重大危险源辨识》（GB 18218—2018）的表 1 列出了常见危险化学品名称及其临界量，在表 1 范围内的危险化学品，其临界量通过查询表 1 确定。例如，液氯的临界量为 5 t。

（2）未在《危险化学品重大危险源辨识》（GB 18218—2018）表 1 范围内的危险化学品，应依据其危险特性，按《危险化学品重大危险源辨识》（GB 18218—2018）表 2 确定其临界量。

若一种危险化学品具有多种危险性，对应得出多个临界量，应按其中最低的临界量进行重大危险源判定。例如，工类自燃液体的临界量为 50 t。

4. 如何判定辨识单元是否构成重大危险源？

生产单元、储存单元内存在危险化学品的数量等于或超过《危险化学品重大危险源辨识》（GB 18218—2018）中规定的临界量，即被定为重大危险源。

单元内存在的危险化学品的数量根据储存危险化学品的种类分为以下两种

情况：

（1）单元内存在的危险化学品为单一品种，则该危险化学品的数量即为单元内危险化学品的总量。若单元内危险化学品的总量等于或超过相应的临界量，则定为重大危险源。需要特别注意的是，若构成重大危险源的单元内危险化学品实际储存量和单元设计储存量不符时，应该将设计储存量作为危险化学品的总量进行重大危险源辨识。

（2）单元内存在的危险化学品为多品种时，则按式 1-1 计算。若满足式 1-1，则定为重大危险源：

$$S = \frac{q_1}{Q_1} + \frac{q_2}{Q_2} + \cdots + \frac{q_n}{Q_n} \geqslant 1 \qquad (1-1)$$

式中　S——辨识指标；

　　　q_1，q_2，$\cdots$，q_n——每种危险化学品实际存在量，t；

　　　Q_1，Q_2，$\cdots$，Q_n——每种危险化学品的临界量，t。

二、重大危险源分级

1. 重大危险源分级指标的计算方法是什么？

根据《危险化学品重大危险源辨识》（GB 18218—2018），采用单元内各种危险化学品实际存在（在线）量与其临界量比值，经校正系数校正后的比值之和 R 作为重大危险源分级指标，按式 1-2 计算：

$$R = \alpha \left(\beta_1 \frac{q_1}{Q_1} + \beta_2 \frac{q_2}{Q_2} + \cdots + \beta_n \frac{q_n}{Q_n} \right) \qquad (1-2)$$

式中　R——重大危险源分级指标；

　　　α——该危险化学品重大危险源厂区外暴露人员的校正系数；

　　　β_1，β_2，$\cdots$，β_n——每种危险化学品的校正系数；

　　　q_1，q_2，$\cdots$，q_n——每种危险化学品实际存在量，t；

　　　Q_1，Q_2，$\cdots$，Q_n——每种危险化学品的临界量，t。

2. 校正系数 α、β 的含义分别是什么？如何取值？

α 是指该危险化学品重大危险源厂区外暴露人员的校正系数。根据危险化学品重大危险的厂区边界向外扩展 500 m 范围内常住人口数量，按照表 1-1 确定 α 取值。需要注意的是，校正系数 α 以厂区边界为基准进行计算，不以每个重大危险源单元边界为基准进行计算。

表 1-1　　　　　　　　　　暴露人员校正系数 α 取值

厂外可能暴露人员数量	校正系数 α
100 人以上	2.0
50~99 人	1.5
30~49 人	1.2
1~29 人	1.0
0 人	0.5

β 是指每种危险化学品的校正系数，根据单元内危险化学品的类别不同进行取值。一般来说，危险化学品危险性越大，β 值越高。《危险化学品重大危险源辨识》（GB 18218—2018）的表 3 给出了某些毒性气体校正系数 β 的取值。未在《危险化学品重大危险源辨识》（GB 18218—2018）表 3 范围内的危险化学品，应依据其危险特性，查询《危险化学品重大危险源辨识》（GB 18218—2018）的表 4 确定 β 值。例如，氨对应的 β 值为 2，爆炸物对应的 β 值为 2，易燃固体对应的 β 值为 1。

3. 如何确定重大危险源级别?

依据《危险化学品重大危险源辨识》（GB 18218—2018），根据重大危险源分级指标 R 值，通过查询表 1-2 可确定重大危险源级别。

表 1-2　　　　　　　　重大危险源级别和 R 值的对应关系

重大危险源级别	R 值
一级	$R \geqslant 100$
二级	$100 > R \geqslant 50$
三级	$50 > R \geqslant 10$
四级	$R < 10$

从 R 值计算公式、重大危险源级别与 R 值的对应关系可以看出，危险化学品实际存在量越多、自身危险性越大、厂外可能暴露人员数量越多、危险化学品临界量越小，分级指标 R 值越大，越要给予高度重视，进行严格的管控。

重大危险源分为四级，分别是一级重大危险源、二级重大危险源、三级重大危险源和四级重大危险源。其中，一级重大危险源级别最高，安全管控也最严格。

❓ 思考题

1. 对于危险化学品混合物，辨识重大危险源时应如何确定其临界量？

2. 若危险化学品的储存库房设计量与实际储存量相差较大，应如何进行重大危险源辨识？

第三节　危险化学品的危险特性

一、危险化学品分类及重要参数

1. 危险化学品如何进行分类？

《化学品分类和标签规范》（GB 30000.2—2013～30000.29—2013）将化学品危险性分为 28 类 95 个类别。以此为基础，《危险化学品目录（2015 版）》选取了 28 类中危险性较大的 81 个类别作为危险化学品。

28 类危险化学品根据危险和危害特性分为物理危险、健康危害和环境危害 3 类。具有物理危险特性的有爆炸物、易燃气体、气溶胶、氧化性气体、加压气体、易燃液体、易燃固体、自反应物质和混合物、自燃液体、自燃固体、自热物质和混合物、遇水放出易燃气体的物质和混合物、氧化性液体、氧化性固体、有机过氧化物和金属腐蚀物 16 类，健康危害包括急性毒性、皮肤腐蚀/刺激、严重眼损伤/眼刺激、呼吸道或皮肤致敏、生殖细胞致突变性、致癌性、生殖毒性、特异性靶器官毒性——一次接触、特异性靶器官毒性——反复接触和吸入 10 类，环境危害包括危害水生环境和危害臭氧层 2 类。下面就 28 类危险化学品的定义进行介绍，以便于系统了解分类情况。

（1）爆炸物是指能通过化学反应在内部产生一定速度、一定温度与压力的气体，且对周围环境具有破坏作用的一种固体或液体物质（或其混合物）。

（2）易燃气体是指在 20 ℃和标准压力（101.3 kPa）时与空气混合有一定易燃范围的气体。化学不稳定气体指在没有空气或氧气时也能极为迅速反应的易燃气体，如乙炔、丙二烯等。

（3）气溶胶（气雾剂）是指喷雾器内装压缩、液化或加压溶解的气体，并配有释放装置以便于气体喷射出来，形成悬浮的固态或液态微粒，或形成泡沫、膏剂或粉末，或以液态或气态形式出现。

（4）氧化性气体是指采用《化学品危险性分类试验方法　气体和气体混合物燃烧潜力和氧化能力》（GB/T 27862—2011）规定方法确定的氧化能力大于 23.5％的纯净气体或气体混合物。

（5）加压气体是指在 20 ℃、压力（表压）不低于 200 kPa 下装入储器的气体或液化气体、冷冻液化气体。加压气体包括压缩气体、液化气体、溶解气体、冷冻液化气体。

（6）易燃液体是指闪点不高于 93 ℃的液体。

（7）易燃固体是指容易燃烧或可通过摩擦引燃或助燃的固体。易燃固体与点火源（如着火的火柴）短暂接触容易点燃且火焰迅速蔓延。

（8）自反应物质和混合物是指即使没有氧气（空气）也容易发生激烈放热分解的热不稳定液态、固态物质或者混合物。

（9）自燃液体是指即使数量小也能在与空气接触 5 min 内着火的液体，如三溴化三甲基二铝、二甲基锌、二氯化乙基铝、三异丁基铝等。

（10）自燃固体是指即使数量小也能在与空气接触 5 min 内着火的固体，如白磷、二苯基镁、二甲基镁、金属锶等。

（11）自热物质和混合物是指除自燃液体或自燃固体外，与空气反应不需要能量供应就能够自热的固态、液态物质或混合物，如甲醇钾、连二亚硫酸钠和金属钙粉等。

（12）遇水放出易燃气体的物质和混合物是指在环境温度下，通过与水作用，容易具有自燃性或放出危险数量的易燃气体的固态或液态物质和混合物。

（13）氧化性液体是指本身未必可燃，但通常会放出氧气可能引起或促使其他物质燃烧的液体。

（14）氧化性固体是指本身未必可燃，但通常会放出氧气可能引起或促使其他物质燃烧的固体。

（15）有机过氧化物是可发生放热自加速分解、热不稳定的物质或混合物，具有下列性质中的一种或多种：易爆炸分解、迅速燃烧、对撞击或摩擦敏感及与其他物质发生危险反应。

（16）金属腐蚀物是指通过化学作用会显著损伤甚至毁坏金属的物质或混合物。

（17）急性毒性指经口或经皮肤给予物质的单次剂量或在 24 h 内给予的多次剂量，或者 4 h 吸入接触发生的急性有害影响。

（18）皮肤腐蚀是指对皮肤能造成不可逆损害的结果，即施用试验物质 4 h 内，可观察到表皮和真皮坏死。典型的腐蚀反应具有溃疡、出血、血痂的特征，而且在 14 天观察期结束时，皮肤、完全脱发区域和结痂处由于漂白而褪色。皮肤刺激是指施用试验物质达到 4 h 后对皮肤造成可逆损害的结果。

（19）严重眼损伤指将受试物施用于眼睛前部表面进行暴露接触，引起了眼部组织损伤，或出现严重的视觉衰退，且在暴露后的 21 天内尚不能完全恢复。眼刺激指将受试物施用于眼睛前部表面进行暴露接触后，眼睛产生变化，但在 21 天内可完全恢复。

（20）呼吸道致敏物是指吸入后会导致呼吸道过敏的物质。皮肤致敏物是指皮肤接触后会导致过敏的物质。

（21）细胞中遗传物质的数量或结构发生的永久性改变称为突变。生殖细胞致突变性指化学品引起人类生殖细胞发生可遗传给后代的突变。

（22）致癌物是能导致癌症或增加癌症发病率的物质或混合物，分为已知或假定的人类致癌物和可疑的人类致癌物两类。

（23）生殖毒性指对成年雄性和雌性的性功能和生育能力的有害影响，以及对子代的发育毒性。

（24）特异性靶器官毒性——一次接触指一次接触物质和混合物引起的特异性、非致死性靶器官毒性作用，包括所有明显的健康效应，可逆的和不可逆的、即时的和迟发的功能损害。

（25）特异性靶器官毒性——反复接触指反复接触物质和混合物引起的特异性、非致死性的靶器官毒性作用，包括所有明显的健康效应，可逆的和不可逆的、即时的和迟发的功能损害。

（26）吸入危害指液态或固态化学品通过口腔或鼻腔直接进入或者因呕吐间接进入气管和下呼吸系统。

（27）与危害水生环境相关的定义如下：

1）急性水生毒性：可对水中短期接触该物质的生物体造成伤害，是物质本身的性质。

2）急性（短期）危害：化学品的急性毒性对在水中短时间暴露的水生生物造成的危害。

3）慢性水生毒性：可对水中接触该物质的生物体造成有害影响，接触时间根据生物体的生命周期确定，是物质本身的性质。

4）长期危害：化学品的慢性毒性对在水中长期暴露的水生生物造成的危害。

5）无显见效果浓度（NOEC）：试验浓度刚好低于产生在统计上有效的有害影响的最低测得浓度。

（28）对臭氧层的危害物包括《关于消耗臭氧层物质的蒙特利尔议定书》附件中列出的任何受管制物质，或至少含有一种体积分数不小于 0.1% 的被列入《关于消耗臭氧层物质的蒙特利尔议定书》附件的组分的混合物。

2. 什么是闪点？

闪点是指在规定的试验条件下，可燃性液体表面产生的蒸气与空气形成的混合物，遇火源能够闪燃的液体的最低温度。它是表示可燃性液体在储存、运输和使用过程中火灾爆炸危险性的一个重要指标，同时也是可燃性液体的挥发性指标。闪点低的可燃性液体，挥发性高，容易着火，安全性较差。例如，汽油闪点在 45 ℃ 以下，柴油闪点在 45 ℃ 以上，在化工生产过程中，汽油更容易引起火灾爆炸事故，安全性低于柴油。

闪点在危险化学品安全管理中有着重要意义。在《建筑设计防火规范（2018年版）》（GB 50016—2014）中，闪点是可燃液体生产、储存场所火灾危险性分类的重要依据；在《石油化工企业设计防火标准（2018 年版）》（GB 50160—2008）中，闪点是甲、乙、丙类危险液体火灾危险性等级分类的依据。

3. 什么是着火点？

可燃物质在空气充足的条件下，当达到一定温度时与火源接触后即着火，移去火源后仍能持续燃烧 5 min 以上，这种现象叫点燃。点燃的最低温度称为着火点。可燃液体的着火点一般比闪点高 5~20 ℃。但闪点在 100 ℃ 以下时，两者往往相同。在没有闪点数据的情况下，可以用着火点表征物质的火灾爆炸危险性。

4. 什么是最小引燃能？

最小引燃能是初始燃烧所需要的最小能量。所有可燃性物质（包括粉尘）都有最小引燃能。最小引燃能依赖于特定的化学物质或混合物的浓度、压力和温度。试验数据表明，最小引燃能随着压力的增加而降低。一般情况下，粉尘的最小引燃能在能量等级上比可燃气体高。氮气浓度的增加导致最小引燃能增大，使可燃性物质（包括粉尘）更不容易被点燃。

许多碳氢化合物的最小引燃能大约为 22 mJ，这与引燃源的能量相比是很低的。例如，在地毯上行走引发的静电放电的能量为 22 mJ，通常的火花塞所释放的能量为 25 mJ。流体流动所引起的静电放电也具有超出可燃物质最小引燃能的能量等级，能够提供引燃源，导致爆炸。因此，静电往往是引发火灾的主要原因。

5. 什么是自燃点？

自燃点是指可燃物质在助燃性气体中加热而没有外来火源（常温中自行发热或由于物质内部反应过程导致热量积聚）的条件下起火燃烧的最低温度。例如，处理含有硫化氢物料的设备受到硫化氢腐蚀，可生成硫化亚铁，硫化亚铁与空气发生反应放热，迅速自燃。再如，油脂浸到木屑、棉纱等物质中，会形成很大的氧化表面积，发生自燃。

自燃点是评定可燃物火灾爆炸危险性的主要数据，是可燃物储存、运输和使用的一个安全指标。自燃点越低，可燃物质发生自燃火灾的危险性就越大。

自燃点在危险化学品安全管理中应用广泛。例如，根据《石油化工企业设计防火标准（2018年版）》（GB 50160—2008）第5.3.2条的规定，在进行装置规划时，若操作温度等于或高于自燃点的可燃液体泵上方，布置操作温度低于自燃点的甲、乙、丙类可燃液体设备时，封闭式楼板应为不燃材料的无泄漏楼板。此项设计是为了防止危险化学品由于自燃发生起火爆炸事故。若在操作温度等于或高于自燃点的可燃液体泵上方布置操作温度低于自燃点的甲、乙、丙类可燃液体设备，可燃液体一旦泄漏落到下方操作温度等于或高于自燃点的泵上，就可能被引燃。再如，有些遇水放出易燃气体的物质（如碳金属、硼氢化合物），放置于空气中即可以自燃；有的物质（如钾）遇水能生成可燃气体并放出热量，同样具有自燃性。因此，这类物质在储存时必须与水及潮气隔离。

总之，无论是受热燃烧还是自热燃烧，都是由于热量积累导致可燃物温度升高而自燃。因此，防止自燃的关键是防止热量积聚。

6. 什么是沸点?

沸腾是在一定温度下液体内部和表面同时发生的剧烈汽化现象。沸点是液体沸腾时的温度，也就是液体的饱和蒸气压与外界压强相等时的温度。液体浓度越高，沸点越高。液体的沸点与外部压强有关，当液体所受的压强增大时，它的沸点升高；压强减小时，沸点降低。

沸点在危险化学品安全管理中同样有着重要意义。例如，《石油化工企业设计防火标准（2018年版）》（GB 50160—2008）第6.2.3条规定，储存沸点低于45 ℃的甲$_B$类液体宜选用压力或低压储罐，这是为了防止液体沸腾。储存沸点低于45 ℃的甲$_B$类液体，一般情况下，其储存温度下的饱和蒸汽压大于或等于88 kPa，除了采用压力储罐储存外，还可以采用冷冻式储罐储存或采用低压固定顶罐储存。

7. 什么是凝固点?

凝固点是晶体物质凝固时的温度,不同晶体的凝固点不同。在一定压强下,任何晶体的凝固点与其熔点相同。同一种晶体,凝固点与压强有关。晶体凝固点随压强的变化有两种不同的情况:对于大多数物质,熔化过程是体积变大的过程,当压强增大时,熔点升高;其他少数物质(如冰、金属铋、锑等)的熔化过程是体积缩小的过程,当压强增大时,熔点降低。在凝固过程中,液体转变为固体,同时放出热量。因此,物质的温度高于凝固点时为液态,低于凝固点时为固态。非晶体物质无凝固点。

如果液体中溶有少量其他物质或杂质,即使数量很少,物质的凝固点也会有很大的变化。例如,水中溶有盐,凝固点就会明显下降。海水就是溶有盐的水,海水冬天结冰的温度比河水低就是这个原因。所以,溶有杂质是影响凝固点的重要因素。

8. 什么是爆炸极限?

可燃物质(可燃气体、蒸气和粉尘)与空气(或氧气)在一定的浓度范围内混合,形成预混气,遇着火源发生爆炸,这个浓度范围称为爆炸极限。爆炸极限通常用可燃气体、蒸气或粉尘在空气中的体积分数来表示。该范围的最低浓度称为爆炸下限,最高浓度称为爆炸上限。例如,氯乙烯的爆炸极限是 3.6% ~ 31%(体积分数),那么,在氯乙烯与空气(或氧气)的混合物中,氯乙烯的体积分数为 3.6%~31% 时,才有爆炸的危险。当氯乙烯在混合物中的体积分数低于 3.6% 时,空气所占比例很大,氯乙烯浓度不足,不会发生爆炸;当氯乙烯在混合物中的体积分数大于 31% 时,空气(或氧气)不足,不会发生爆炸,但若此时补充空气(或氧气),是有爆炸危险的。所以,当可燃物质的浓度在爆炸上限以上时,不能认为此混合气是安全的。

可燃性混合物的爆炸极限范围越宽、爆炸下限越低和爆炸上限越高时,其爆炸危险性越大。这是因为爆炸极限范围越宽,则出现爆炸的可能性就越高;爆炸下限越低,则可燃物稍有泄漏就会形成爆炸条件;爆炸上限越高,则有少量空气渗入容器,就能与容器内的可燃物混合形成爆炸条件。

9. 什么是相对密度?

相对密度是指在规定的条件下，某物质的密度与参考物质（液体的参考物质为纯水，气体的参考物质为干燥空气，即纯水或干燥空气的相对密度为1，下同）的密度之比。比如，在同等条件下同样大小的容器中，某种气体的质量是空气的60%，那么此种气体的相对密度是0.6。

在化工安全生产中，可以根据某些物质的相对密度，确定灭火救援措施。例如，相对密度小于1的易燃和可燃液体发生火灾时，不应用水扑救，因为这类液体比水轻，会浮在水面上，用水扑救时非但无法扑灭，反而随水流淌，扩大损失。相对密度大于1的易燃气体和蒸气，容易扩散并与空气形成爆炸性混合物，沿地面、沟渠远距离流动，如遇明火会发生回燃。

在确定库房通风口位置时，也要参考物质与空气的相对密度。对于相对密度大于1的易燃气体和蒸气，库房通风口位置应该设置在下方；对于相对密度小于1的易燃气体和蒸气，库房通风口位置应该设置在上方。

二、典型危险化学品的危险特性

1. 危险化学品主要危险特性有哪些?

不同危险化学品的危险特性各不相同，同一危险化学品在不同条件下的危险特性也有变化。

（1）爆炸物的危险特性。爆炸物具有化学不稳定性，在一定的作用下能以极快的速度发生猛烈的化学反应，产生的大量气体和热量在短时间内无法逸散，致使周围的温度迅速上升并产生巨大的压力而引起爆炸。爆炸需要外界供给一定的能量，即起爆能。不同爆炸物的起爆能不同。

爆炸物还有殉爆危险特性。当炸药爆炸时，能引起一定距离之外的炸药也发生爆炸，这种现象称为殉爆。殉爆发生的原因是冲击波的传播作用，距离越近，冲击波强度越大。

（2）气体类危险化学品的危险特性。气体类危险化学品包括易燃气体、易燃气溶胶、氧化性气体、加压气体4类。

硫化氢、氯气、一氧化碳、氨气等气体具有毒性、窒息性；氮气具有窒息性；硫化氢、氯气、氨气还具有腐蚀性，不仅会引起人畜中毒、窒息，还会使皮肤、呼吸道黏膜等受到严重刺激和灼伤而危及生命。当大量压缩或液化的硫化氢、氯气、一氧化碳、氨气及其燃烧后的直接生成物扩散到空气中时，空气中氧的含量降低，人也会因缺氧而窒息。

易燃气体泄漏后能够在空气中很快地扩散，遇火源会燃烧，与空气混合到一定浓度会发生爆炸。爆炸下限越低或爆炸极限范围越宽，爆炸危险性越大。比空气重的气体往往沿地面扩散，并在房间死角或低洼处长时间积聚不散，燃烧、爆炸危险性很大；毒性气体容易造成大量人员中毒。

有些气体的化学性质很活泼，可与很多物质发生反应。例如，乙炔、乙烯与氯气混合遇日光会发生爆炸，液态氧与有机物接触能发生爆炸，压缩氧与油脂接触能发生自燃。氧化性气体具有助燃作用，在火场中能增大火势，同时使一些不易燃烧的物质燃烧，导致燃烧加剧。

当危险化学品受热、撞击或强烈振动时，盛装危险化学品的容器内压会急剧增大，致使容器破裂爆炸，或导致气瓶阀门松动漏气，酿成火灾或中毒事故。

（3）易燃液体的危险特性。易燃液体具有高度的易燃易爆性和一定的毒害性。

易燃液体通常容易挥发，闪点和燃点较低，其蒸气与空气易形成爆炸性混合物，遇火源、火花容易发生燃烧或爆炸。有些液体蒸气的密度比空气大，容易聚集在低洼处，不易扩散，更增加了燃烧、爆炸的危险。易燃液体闪点越低，燃烧危险性越大。

易燃液体的黏度很小，容易流淌、渗透、浸润及毛细现象等作用能扩大其表面积，加快挥发速率，使空气中的蒸气浓度增大，进而增加燃烧、爆炸的危险。

易燃液体电阻率较大，在受到摩擦、振动或流速较高时极易产生静电，静电积聚到一定程度会因放电产生电火花而引起燃烧或爆炸。一般情况下，易燃液体（如石油产品）的电阻率大于 10^{10} $\Omega \cdot m$ 时，会有显著的静电危害，必须采取防静电措施。

一些易燃液体的热膨胀系数较大，容易膨胀，且受热后蒸气压较高，从而使密闭容器内的压力升高。当容器内压力超过容器能承受的压力时，容器就会发生爆裂甚至爆炸。因此，在灌装易燃液体时，容器内要留有5%以上的空间。

绝大多数易燃液体及其蒸气具有一定的毒性，食入、通过皮肤接触或经呼吸道进入人体，会导致人员中毒，甚至死亡。

（4）易燃固体的危险特性。易燃固体的熔点、燃点、自燃点以及分解温度较低，受热容易熔融、分解或气化。能量较小的热源或撞击作用，可使易燃固体很快达到燃点而着火，燃烧速度也较快。例如，在常温下，能量很小的着火源即可使红磷燃烧。

固体具有可分散性与可氧化性。固体的颗粒越细，其表面积越大，分散性就越强，氧化也就越容易，燃烧也就越快，爆炸危险性则越强。当固体粒度小于0.01 mm时，可悬浮于空气中，与空气中的氧气发生氧化作用。易燃固体与氧化剂接触能发生剧烈反应而引起燃烧或爆炸。例如，红磷与氯酸钾接触、硫黄粉与氯酸钾或过氧化钠接触会立即发生燃烧或爆炸。

某些易燃固体具有热分解性，其受热后不熔融，而发生分解。热分解的温度高低直接影响危险性大小，受热分解温度越低的物质，其火灾爆炸危险性就越大。很多易燃固体本身具有毒害性，或燃烧后能产生有毒的物质，如二硝基苯酚、硫黄、五硫化二磷。

（5）自燃、自热、自反应性物质的危险特性。有些物质化学性质非常活泼，具有极强的还原性，接触空气后能迅速与空气中的氧化合，并产生大量的热，达到其自燃点而着火，如黄磷、硫化亚铁、烷基铝等。这类物质多为含有较多不饱和双键的化合物，遇氧或氧化剂容易发生氧化反应，并放出热量。如果通风不良，热量聚集不散，致使温度进一步升高，又会加快氧化反应速率，产生更多的热量，导致温度进一步升高，最终会因积热达到自燃点而引起自燃。

有些物质受热易分解并放出热量，由于热量不能及时扩散而导致物质温度升高，最后发生剧烈分解；有的物质会由于分解放热，温度达到自燃点而着火，如赛璐珞、硝化棉及其制品等物质。

（6）遇水放出易燃气体物质的危险特性。这类危险化学品遇水后会发生剧烈反应，产生大量易燃气体并放出大量热量。当易燃气体遇明火或由于反应放出的热量达到自燃温度时，就会发生着火或爆炸，如金属钠、金属钾等。有些物质不仅遇水易燃，而且在潮湿空气中也能自燃，在高温下反应会更加剧烈，放出易燃气体和热量而导致火灾。放出易燃气体的物质大多都有很强的还原性，当遇到氧化剂或酸时反应会更加剧烈。有些遇水放出易燃气体的物质如钠汞齐、钾汞齐等本身具有毒性，有些遇湿后可放出有毒气体。

（7）氧化性物质的危险特性。由于其强氧化性具有助燃作用，这类物质在火场中能使燃烧加剧而增大火势，导致事态扩大。这类物质与易燃、可燃物混合，极易生成危险的产物，有的立即着火甚至爆炸，有的对撞击、摩擦敏感，遇火源、受撞击、摩擦时极易引起燃烧或爆炸，如黑火药、氯酸钾与硫黄的混合物等。

有些氧化性物质，如硝酸盐、氯酸盐等，受热或受摩擦、撞击等作用时，极易分解并放出大量热量，此时如遇易燃、可燃物特别是粉末状物质，则会发生剧烈的化学反应而引起燃烧，甚至爆炸。有些氧化性物质具有一定的毒性和腐蚀性，能毒害人体，腐蚀烧伤皮肤。

（8）有机过氧化物的危险特性。这类物质具有分解爆炸性。由于含有极不稳定的过氧基，有机过氧化物对热、振动、撞击和摩擦都极为敏感，极易发生分解、爆炸。许多有机过氧化物易燃，且燃烧迅速而猛烈。过氧化环己酮、叔丁基过氧化氢、过氧化二乙酰等有机过氧化物，对眼睛有伤害作用。

（9）腐蚀物的危险特性。腐蚀物具有强烈的腐蚀性、氧化性和毒害性。人体直接接触这些物质后，会引起表面灼伤或发生破坏性创伤。特别是接触氢氟酸时，能引发剧痛，使组织坏死，若不及时治疗，会导致严重的后果。当人们吸入腐蚀物挥发出的蒸气或飞扬到空气中的粉尘时，会造成呼吸道黏膜损伤，引起咳嗽、呕吐、头痛等。

腐蚀物能夺取有机物中的水分，破坏其组织成分并使之炭化。无论是酸还是碱，腐蚀物对金属均能产生不同程度的腐蚀作用而导致设备失效。浓硫酸、硝酸、氯磺酸等都是氧化性很强的物质，与还原剂接触易发生强烈的氧化还原反应，放出大量热量。多数腐蚀物具有不同程度的毒性，如发烟氢氟酸、发烟硫酸等，其烟雾对人体毒害性极大。

2. 氯的危险特性有哪些?

氯在常温常压下为黄绿色、有刺激性气味的有毒气体,相对蒸气密度(以空气为参考物质)为2.5,相对密度(以水为参考物质)为1.41(20 ℃),加压液化或冷冻液化后为黄绿色油状液体。其危险特性主要体现在以下3个方面:

(1)剧毒。氯是一种强烈的刺激性气体,能通过口、鼻、皮肤侵入人体造成中毒,重者发生肺泡性水肿、急性呼吸窘迫综合征、严重窒息、昏迷或休克,可出现气胸、纵隔气肿等并发症。吸入高浓度氯气可致死。氯气泄漏时对周边公众的主要风险是造成人员中毒,公众被迫疏散转移。

(2)助燃。氯气本身不燃,具有助燃性,易扩散,一般可燃物能在氯气中燃烧,一般易燃气体或蒸气能与氯气形成爆炸性混合物。包装容器受热有爆炸的危险。

(3)强氧化性。氯元素是很活泼的元素,氯是一种强氧化剂,与水反应可生成有毒的次氯酸和盐酸,与氢氧化钠、氢氧化钾等碱反应可生成次氯酸盐和氯化物。液氯与可燃物、还原剂接触会发生剧烈反应。氯与汽油等石油产品、烃、氨、醚、松节油、醇、乙炔、二硫化碳、氢气、金属粉末和磷接触能形成爆炸性混合物。

3. 氨的危险特性有哪些?

氨在常温常压下为无色气体,有强烈刺激性,一般以液态形式储存在耐压钢瓶中。液氨在温度变化时,体积变化的系数很大。氨相对蒸气密度(以空气为参考物质)为0.59,相对密度(以水为参考物质)为0.7(-33 ℃),爆炸极限为15%~30.2%(体积分数)。其危险特性主要体现在以下3个方面:

(1)有毒。氨对眼、呼吸道黏膜有强烈刺激和腐蚀作用。急性氨中毒可引起眼和呼吸道刺激症状,如支气管炎或支气管周围炎、肺炎,重度中毒者可发生中毒性肺水肿。高浓度氨可引起反射性呼吸和心搏停止。

(2)极易燃。氨气与空气或氧气混合能形成爆炸性混合物,遇明火、高热可引起燃烧或爆炸。

(3)引起冻伤。液氨容器阀门损坏或者容器破裂发生泄漏,液氨会迅速气化，吸收大量的热，使环境温度迅速降低，可导致事故现场人员发生冻伤。

4. 硫化氢的危险特性有哪些?

硫化氢是无色气体，低浓度时有臭鸡蛋味，高浓度时使嗅觉迟钝。硫化氢相对蒸气密度（以空气为参考物质）为 1.19，相对密度（以水为参考物质）为 1.539，闪点为 -60 ℃，爆炸极限为 4.0%~46.0%（体积分数）。其危险特性主要体现在以下两个方面:

（1）硫化氢是强烈的神经毒物，吸入高浓度硫化氢可发生猝死。人员应谨慎进入工业下水道（井）、污水井、取样点、化粪池、密闭容器，以及下敞开式、半敞开式坑、槽、罐、沟等危险场所。

（2）极易燃。硫化氢与空气混合能形成爆炸性混合物，遇明火、高热引起燃烧或爆炸。硫化氢气体比空气重，能在较低处扩散到相当远的地方，遇火源会着火回燃。

5. 液化石油气的危险特性有哪些?

液化石油气是在石油加工过程中得到的物质，主要组分为丙烷、丙烯、丁烷、丁烯，并含有少量戊烷、戊烯和微量硫化氢等杂质。液化石油气相对蒸气密度（以空气为参考物质）为 1.5~2.0，相对密度（以水为参考物质）为 0.5~0.6，闪点为 -80~-60 ℃，爆炸极限为 5%~33%（体积分数）。其危险特性主要体现在以下 3 个方面:

（1）极易燃易爆。液化石油气爆炸极限范围较宽，与空气混合能形成爆炸性混合物，遇热源或明火可引起燃烧或爆炸，且爆炸速度快，爆炸威力大，破坏性强。液化石油气比空气重，能在较低处（坑、沟、下水道等）扩散到相当远的地方，遇火源会着火回燃。

（2）有毒。人体吸入大量高浓度的液化石油气会中毒，损伤中枢神经系统。

（3）引起冻伤。储存液化石油气的设备、容器、管线、钢瓶、储罐等破裂后，大量液化石油气喷出，由液态急剧减压变为气态，大量吸热，结霜冻冰。如果喷到人的身上，会引起冻伤。

6. 丁二烯的危险特性有哪些?

丁二烯通常指 1, 3-丁二烯，在常温常压下为无色气体，有芳香味，易液化。丁二烯相对蒸气密度（以空气为参考物质）为1.87，相对密度（以水为参考物质）为0.6，闪点为-76℃，爆炸极限为1.4%～16.3%（体积分数）。其危险特性主要体现在以下3个方面：

（1）极易燃易爆。丁二烯与空气混合能形成爆炸性混合物，接触热源、点火源或氧化剂易发生燃烧或爆炸。丁二烯比空气重，能在较低处扩散到相当远的地方，遇火源会着火回燃。

（2）丁二烯极易与氧发生氧化反应，自聚生成活泼的过氧化自聚物。实验显示，丁二烯气相氧含量大于1.2%时会反应生成爆炸性过氧化自聚物。过氧化自聚物受撞击或受热时会急剧分解自燃引起爆炸，同时分解产生活性自由基。

（3）丁二烯过氧化自聚物在高温或在Fe^{2+}等催化性金属离子催化下也可断裂成活性自由基，活性自由基与丁二烯分子再次发生聚合，形成端基聚合物，使聚合物分子快速增大，体积急剧膨胀，堵塞管线设备，最终导致设备胀裂。

7. 环氧乙烷的危险特性有哪些？

环氧乙烷在常温常压下为无色气体，低温时为无色易流动液体。环氧乙烷相对蒸气密度（以空气为参考物质）为1.5，相对密度（以水为参考物质）为0.87，闪点小于-18℃，爆炸极限为3.0%～100%（体积分数）。其危险特性主要体现在以下3个方面：

（1）极易燃易爆。环氧乙烷蒸气能与空气形成爆炸极限范围广阔的爆炸性混合物，遇高热和明火可引起燃烧或爆炸。环氧乙烷蒸气比空气重，能在较低处扩散到相当远的地方，遇火源会着火回燃和爆炸。环氧乙烷与空气的混合物快速压缩时，易发生爆炸。

（2）环氧乙烷可致中枢神经系统、呼吸系统损害，重者引起昏迷和肺水肿；可致心肌损害和肝损害；可致皮肤损害和眼灼伤。

（3）环氧乙烷属于致癌物。

8. 氯乙烯的危险特性有哪些？

氯乙烯在常温常压为无色、有醚样气味的气体。氯乙烯相对蒸气密度（以空气为参考物质）为2.2，相对密度（以水为参考物质）为0.91，闪点为-78℃，爆炸极限为 3.6%~31.0%（体积分数）。其危险特性主要体现在以下 3 个方面：

（1）极易燃易爆。氯乙烯与空气混合能形成爆炸性混合物，遇热源和明火可引起燃烧或爆炸。氯乙烯比空气重，能在较低处扩散到相当远的地方，遇火源会着火回燃。

（2）氯乙烯可经呼吸道进入人体，也可通过污染皮肤的方式经皮肤吸收进入人体。氯乙烯可致肝血管肉瘤。

（3）氯乙烯属于致癌物。

9. 原油的危险特性有哪些？

原油即石油，是一种黏稠的、深褐色（有时有点绿色）的流动或半流动性液体，略轻于水。它由不同的碳氢化合物混合组成，其主要成分是烷烃，还含有硫、氧、氮、磷、钒等元素。其危险特性主要体现在以下两个方面：

（1）易燃易爆。原油蒸气可与空气形成爆炸性混合气，遇明火或热源可引起燃烧或爆炸。油品流散可能扩大燃烧面积，如果发生沸溢或者喷溅，会扩大火势造成大面积火灾。

（2）低毒。原油蒸气、伴生气一般属于微毒、低毒类物质，对健康危害最典型的是苯及其衍生物，长期接触含苯的新鲜石油可使白血病的发病率增加。

10. 汽油、石脑油的危险特性有哪些？

汽油在常温下为无色至淡黄色、具有典型石油烃气味的透明液体。依据《车用汽油》（GB 17930—2016）生产的车用汽油，相对蒸气密度（以空气为参考物质）为 3~4，相对密度（以水为参考物质）为 0.70~0.80，闪点约为 -46 ℃，爆炸极限为 1.4%~7.6%（体积分数）。石脑油主要成分为 C_4~C_6 的烷烃，相对密度（以水为参考物质）为 0.78~0.97，闪点为 -2 ℃，爆炸极限为 1.1%~8.7%（体积分数）。

汽油和石脑油的危险特性主要体现在燃烧和爆炸危险性上：汽油和石脑油高度易燃，蒸气与空气混合能形成爆炸性混合物，遇明火、高热可引起燃烧或爆炸；高速冲击、流动、激荡后可因产生静电火花放电引起燃烧或爆炸；蒸气比空气重，能在较低处扩散到相当远的地方，遇火源会着火回燃和爆炸。

11. 苯的危险特性有哪些？

苯在常温常压下为无色透明液体，有强烈芳香味。苯的相对蒸气密度（以空气为参考物质）为2.77，相对密度（以水为参考物质）为0.88，闪点为-11 ℃，爆炸极限为1.2%~8.0%（体积分数）。其危险特性主要体现在以下3个方面：

（1）高度易燃。苯蒸气与空气能形成爆炸性混合物，遇明火、高热能引起燃烧或爆炸。苯蒸气比空气重，能在较低处扩散到相当远的地方，遇火源会着火回燃和爆炸。

（2）有毒。高浓度苯对中枢神经系统有麻醉作用，可引起急性中毒。长期接触苯对造血系统有损害，引起白细胞和血小板减少，重者导致再生障碍性贫血。苯可引起白血病且具有生殖毒性。

（3）苯属于致癌物。

12. 硝酸铵的危险特性有哪些？

硝酸铵是无色无臭的透明结晶或呈白色的小颗粒，有潮解性，熔点为169.6 ℃，沸点为210 ℃（分解），相对密度（以水为参考物质）为1.72。其危险特性主要体现在以下两个方面：

（1）助燃。硝酸铵与易（可）燃物混合或急剧加热会发生爆炸，受强烈振动也会起爆。

（2）强氧化性。硝酸铵是强氧化剂，与还原剂、有机物、易燃物如硫、磷或金属粉末等混合可形成爆炸性混合物。

13. 电石的危险特性有哪些？

电石的化学名称为碳化钙，是一种无色晶体。工业电石为黑色块状固体，断面为紫色或灰色。其危险特性主要体现在以下两个方面：

（1）遇湿易燃。碳化钙本身稳定，但遇湿易燃，与水、醇类、酸类等禁配物接触会生成高度易燃易爆的乙炔，有发生火灾和爆炸的危险。

（2）有毒。电石会损害皮肤，引起皮肤瘙痒、炎症、"鸟眼"样溃疡、黑皮病。

14. 硝基苯的危险特性有哪些？

硝基苯是淡黄色透明油状液体，有苦杏仁味。硝基苯相对蒸气密度（以空气为参考物质）为 4.25，相对密度（以水为参考物质）为 1.20，闪点为 87.7 ℃。其危险特性主要体现在以下 3 个方面：

（1）硝基苯遇明火、高热可燃烧或爆炸。

（2）硝基苯可经呼吸道和皮肤进入人体，主要引起高铁血红蛋白血症，可引起溶血及肝损害。

（3）硝基苯属于可疑人类致癌物。

？ 思考题

1. 危险化学品的危险特性受哪些因素影响？

2. 如何根据危险化学品的危险特性，制定重大危险源安全管理措施？

3. 你所在的企业涉及的危险化学品中，应重点关注哪些危险化学品的哪些危险特性？

第四节　重大危险源风险知识

一、重大危险源的风险认知

1. 如何正确认识安全与风险的关系？

有什么样的安全观或安全理念，就有什么样的安全意识；有什么样的安全意识，就有什么样的安全行为；有什么样的安全行为，就有什么样的安全结果。安全理念不同，其安全结果也会不同。只有秉持积极、正确的安全理念，才能够获得期望的安全结果。

根据系统安全工程的观点，危险是指系统中发生不期望后果的可能性超过了人们的承受程度。换个角度讲，安全即为风险可接受的状态，而危险就是风险不可接受的状态。

系统工程中的安全概念，认为世界上没有绝对安全的事物，任何事物中都包含有不安全因素，具有一定的危险性。安全是一个相对的概念，危险性是对安全性的隶属度；当危险性低于某种程度时，人们就认为是安全的。

一般用风险来表示危险的程度。在安全生产管理中，风险用生产系统中事故发生的可能性与严重性来表示，即

$$R = f(F，C) \tag{1-3}$$

式中　R——风险；

　　　F——发生事故的可能性；

　　　C——发生事故的严重性。

从式1-3可以看出，由于物质的存在，风险的存在是绝对的；由于发生事故的可能性和严重性的变化，导致安全是相对的。从广义来说，风险可分为自然风险、社会风险、经济风险、技术风险和健康风险5类；对于安全生产的日常管理来说，风险可分为人、机、环境、管理4类。

2. 系统安全理论对重大危险源的风险管理有什么指导意义？

系统安全是指在系统寿命周期内应用系统安全管理及系统安全工程原理，识别危险源并使其危险性降至最低，从而使系统在规定的性能、时间和成本范围内达到最佳的安全程度。系统安全的基本原则是在新系统的构思阶段就必须考虑其安全性的问题，制定并开始执行安全工作规划，即系统安全活动，并且把系统安全活动贯穿于系统寿命周期，直到系统报废为止。

根据系统安全理论，可以得出如下观点：

（1）在事故致因理论方面，改变了人们只注重人的不安全行为而忽略物的故障在事故致因中作用的传统观念，开始考虑如何通过改善物的可靠性来提高复杂系统的安全性，从而避免事故。因此，在重大危险源的风险管理中，既要确保从业人员在重大危险源装置生产运行过程中操作正确，又要注意重大危险源装置本质安全水平的改善。即在设计阶段关注本质安全，通过更加科学、合理的设计，

从装置运行的本质安全方面入手，提高后期运行水平。

（2）没有任何一种事物是绝对安全的，任何事物中都潜伏着危险因素。通常所说的安全或危险只不过是一种主观的判断。能够造成事故的潜在危险因素称为危险源，危险源造成人员伤害或物质损失的可能性称为危险。危险源是可能出问题的事物或环境因素，而危险表征危险源造成伤害或损失的机会，可以用概率来衡量。重大危险源装置便是如此，由于重大危险源中危险化学品超过临界量，因此任何重大危险源均可能发生事故。

（3）由于人的认识能力有限，有时不能完全认识危险源和危险，即使认识了现有的危险源，随着技术的进步又会产生新的危险源。受技术、资金、劳动力等因素的限制，人们不可能完全消除危险源，因此，只能把危险降低到可接受的程度，即可接受的危险。安全工作的目标就是控制危险源，努力把事故发生概率降到最低，把伤害和损失控制在最低限度。在针对重大危险源的一系列管理中，定量风险评价就是运用底线思维开展风险评价的工作。针对重大危险源，可编制各类应急预案，应急预案中应涵盖可能发生的事故类型和不同规模事故所造成的影响。在此基础上，通过不断强化保护层来弥补可能出现的管理、技术、人员方面的漏洞，以持续改进的逻辑控制不可知的风险。

二、工艺风险分析与控制

1. 生产装置的工艺风险应如何控制？

危险化工工艺所涉及的原料、中间物料、催化剂、产品等物料，大多具有易燃易爆、有毒、反应活性高、稳定性差等危险特点，并且操作过程中普遍存在高温、高压、真空等苛刻工艺条件。随着石化装置的大型化，单套装置能量更加集中，大量高能量危险化学品被约束在高温、高压、密闭的承压管道、容器、反应器中，火灾、爆炸事故风险大大增加。许多化工企业在追求经济效益的同时，往往容易忽略风险控制，导致化工安全事故频繁发生。为提高化工装置的本质安全水平，2009—2013 年国家安全生产监督管理总局先后发布了光气化、电解（氯碱）、偶氮化等 18 种重点监管危险化工工艺的安全控制要求、重点监控参数及推

荐的控制方案，以促进化工企业安全生产条件进一步改善，确保化工装置安全稳定运行。

但是，需要看到的是，近年来化工安全事故依然多发的一个重要原因是对化工工艺安全方面的研究不足，对关键危险因素认识不足，未充分掌握危险反应的致灾机理及其影响因素，导致在工艺条件发生异常波动或工艺变更的情况下，采取的安全控制手段和措施不到位，安全控制系统不完善。对此，《国家安全监管总局关于加强精细化工反应安全风险评估工作的指导意见》（安监总管三〔2017〕1号）中明确提出，要对精细化工开展反应安全风险评估，以改进安全设施设计，完善风险控制措施，提升企业本质安全水平，有效防范事故发生。

2. 哪些企业需要开展精细化工反应安全风险评估？主要评估哪些内容？

企业中涉及重点监管危险化工工艺和金属有机物合成反应（包括格氏反应）的间歇和半间歇反应，有以下情形之一的，要开展反应安全风险评估：国内首次使用的新工艺、新配方投入工业化生产的，以及国外首次引进的新工艺且未进行过反应安全风险评估的；现有的工艺路线、工艺参数或装置能力发生变更，且没有反应安全风险评估报告的；因反应工艺问题，发生过生产安全事故的。

精细化工反应的安全风险主要来自工艺反应的热风险。开展精细化工反应安全风险评估，要对反应中涉及的原料、中间物料、产品等化学品进行热稳定测试，对化学反应过程开展热力学和动力学分析。根据反应热、绝热温升等参数评估反应的危险等级，根据最大反应速率到达时间等参数评估反应失控的可能性，结合相关反应温度参数进行多因素危险度评估，确定反应工艺危险度等级。根据反应工艺危险度等级，明确安全操作条件，从工艺设计、仪表控制、报警与紧急干预（安全仪表系统）、物料释放后的收集与保护，以及厂区和周边区域的应急响应等方面提出有关安全风险防控建议。

三、危险化学品燃烧、爆炸风险

1. 什么是燃烧？哪些因素会影响燃烧？

燃烧是可燃物质与助燃物质（氧或其他助燃物质）发生的一种发光发热的氧

化反应。应注意，这类氧化反应并不限于与氧的反应。例如，氢在氯中燃烧生成氯化氢。类似地，金属钠在氯气中燃烧，炽热的铁在氯气中燃烧，都是激烈的氧化反应，并伴有光和热。金属和酸反应生成盐也是氧化反应，但没有同时发光发热，所以不能称为燃烧。所以，燃烧一定伴随发光发热，只有同时发光发热的氧化反应才被界定为燃烧。

燃烧的物质可以是固体、液体或气体。

可燃物质、助燃物质和点火源是可燃物质燃烧的三个基本要素，是发生燃烧的必要条件。三个基本要素中缺少任何一个，燃烧便不会发生。对于正在进行的燃烧，只要充分控制三个基本要素中的任何一个，燃烧就会终止。

应该注意，有时虽然已具备了这三个基本要素，燃烧也不一定会发生。这是因为燃烧还必须有充分的条件，只有当可燃物与助燃物达到一定的比例，且点火能量足够时才能引起燃烧。这意味着，有可燃物且可燃物的量充足，有助燃物且助燃物的量充足，有点火能量且点火能量足以引发燃烧就是燃烧的充分且必要条件，它为燃烧的控制指出了明确的方向。

在重大危险源场所，常见的可燃物有可燃气体，如天然气、氯乙烯、丙烯、乙烯、乙炔、丙烷、一氧化碳、氢气等；可燃液体，如汽油、甲苯、甲醇、乙醇、丙酮、戊烷、原油等；可燃固体，如硫、木料、金属颗粒、塑料等。

常见的氧化剂有气体氧化剂，如氧气、氟气、氯气等；液体氧化剂，如过氧化氢、硝酸、高氯酸、浓硫酸等；固体氧化剂，如高锰酸钾、过氧化钠、超氧化钾等。

常见的点火源有电火花、明火、高温热表面、静电火花、摩擦火花等。

2. 燃烧的过程是如何发展的？燃烧应该如何分类？

可燃物质可以是固体、液体或气体，绝大多数可燃物质的燃烧是在气体（或蒸气）状态下进行的，燃烧过程随可燃物质聚集状态的不同而异。

气体最易燃烧，只要提供适量的点火能，便能着火燃烧。其燃烧形式分为两类：一类是可燃气体和空气或氧气预先混合后燃烧，称为混合燃烧。对于混合燃烧，由于可燃气体分子已与氧分子充分混合，燃烧时速度很快，温度也高。通常，混合气体的爆炸反应就是这种类型。另一类是将可燃气体如煤气，直接从管道中放出点燃，在空气中燃烧，这时可燃气体分子与空气中的氧分子通过互相扩散，边混合边燃烧，这种燃烧称为扩散燃烧。

液体燃烧，许多情况下并不是液体本身燃烧，而是液体在热源作用下蒸发产生的蒸气与氧发生氧化、分解以至着火燃烧，这种燃烧称为蒸发燃烧。

固体燃烧，如果是简单固体可燃物质，如硫，燃烧时先受热熔化（并有升华），继而蒸发产生蒸气而燃烧；而复杂固体可燃物质，如木材，燃烧时先受热分解，生成气态和液态产物，然后气态和液态产物再氧化燃烧，这种燃烧称为分解燃烧。

上述的几种燃烧现象，不论可燃物是气体、液体或固体，都要依靠气体扩散来进行，均有火焰出现，属于火焰型燃烧。而当木材燃烧到只剩下炭时，燃烧在固体炭的表面进行，看不出扩散火焰，这种燃烧称为表面燃烧（如焦炭的燃烧）。木材的燃烧是分解燃烧与表面燃烧交替进行的。金属铝、镁的燃烧是表面燃烧。

《火灾分类》（GB/T 4968—2008）对火灾类型做出如下划分：

A类火灾：固体物质火灾。这种物质通常具有有机物性质，一般在燃烧时能产生灼热的余烬。

B类火灾：液体或可熔化的固体物质火灾。

C类火灾：气体火灾。

D类火灾：金属火灾。

E类火灾：带电火灾，即物体带电燃烧的火灾。

F类火灾：烹饪器具内的烹饪物（如动植物油脂）火灾。

3. 什么是爆炸？爆炸可以分为几类？

（1）爆炸的定义和特征。爆炸是物质发生急剧的物理、化学变化，由一种状态迅速转变为另一种状态，并在瞬间释放出巨大能量的现象。一般来说，爆炸现象具有以下特征：

1）爆炸过程进行得很快。

2）爆炸点附近压力急剧升高，产生冲击波。

3）发出或大或小的响声。

4）周围介质发生振动或邻近物质遭受破坏。

爆炸是非常复杂的过程，影响爆炸的参数有环境压力、爆炸物质的组成、爆炸物质的物理性质、引燃源特性（类型、能量和持续时间）、周围环境的几何尺寸（受限或非受限）、可燃物质的数量、可燃物质的扰动、引燃延滞时间、可燃物质泄漏的速率等。爆炸一般会造成极强的破坏和巨大的伤亡。

（2）根据爆炸不同的特点，可以将爆炸分为不同类型。

1）按爆炸的性质，可将爆炸分为两类：

①物理爆炸。物理爆炸是指物质的物理状态发生急剧变化而引起的爆炸。例如，蒸汽锅炉以及盛装压缩气体、液化气体的容器超压等引起的爆炸，都属于物理爆炸。物质的化学成分和化学性质在物理爆炸后均不发生变化。

②化学爆炸。化学爆炸是指物质发生急剧化学反应，产生高温高压而引起的爆炸。物质的化学成分和化学性质在化学爆炸后均发生了变化。化学爆炸又可以进一步分为爆炸物分解爆炸、爆炸物与空气的混合爆炸两种类型。

爆炸物分解爆炸是爆炸物在爆炸时分解为较小的分子或其组成元素。爆炸物的组成元素中如果没有氧元素，爆炸时则不会有燃烧反应发生，爆炸所需要的热量是由爆炸物本身分解产生的。属于这一类物质的有叠氮化铅、乙炔银、乙炔铜、碘化氮、氯化氮等。爆炸物质中如果含有氧元素，爆炸时则往往伴有燃烧现象。各种氮或氯的氧化物、苦味酸即属于这一类型。

爆炸性气体、蒸气或粉尘与空气的混合爆炸，需要具备一定的条件，如爆炸物的含量、氧气含量以及激发能源等。因此，混合爆炸危险性较分解爆炸低，但混合爆炸更普遍，所造成的危害也较大。

2）按爆炸速度，可将爆炸分为以下3类：

①轻爆。轻爆是指爆炸传播速度在每秒零点几米至数米的爆炸过程。

②爆炸。爆炸是指爆炸传播速度在每秒10 m至数百米的爆炸过程。

③爆轰。爆轰是指爆炸传播速度在每秒1 km至数千米的爆炸过程。

3）按爆炸反应物质，可将爆炸分为以下5类：

①纯组元可燃气体热分解爆炸。该类爆炸是指纯组元气体由于分解反应产生

大量的热而引起的爆炸。

②可燃气体混合物爆炸。该类爆炸是指可燃气体或可燃液体蒸气与助燃气体如空气，按一定比例混合，在点火源的作用下引起的爆炸。

③可燃粉尘爆炸。该类爆炸是指可燃固体的微细粉尘，以一定浓度呈悬浮状态分散在空气等助燃气体中，在点火源作用下引起的爆炸。

④可燃液体雾滴爆炸。该类爆炸是指可燃液体在空气中被喷成雾状剧烈燃烧时引起的爆炸。

⑤可燃蒸气云爆炸。可燃蒸气云是蒸气泄漏喷出后所形成的滞留状态。密度比空气小的气体浮于上方，反之则沉于地面，滞留于低洼处。气体随风漂移形成连续气流，与空气混合达到其爆炸极限时，在点火源作用下即可引起爆炸。

爆炸在重大危险源装置中一般是以突发或偶发事件的形式出现的，而且往往伴随火灾发生，同时极易对原有重大危险源设施构成损坏，进而造成更加严重的事故后果或使事故扩大。

（3）典型的爆炸类型如下：

1）蒸气云爆炸（VCE）。化学工业中，大多数危险和具有破坏性的爆炸是蒸气云爆炸。VCE 的发生过程如下：

①大量的可燃蒸气突然释放出来（当装有过热液体①和受压液体的容器破裂时就会发生）。

②蒸气扩散遍及一个区域，同时与空气混合。

③产生的蒸气云被点燃。

发生在英国弗利克斯伯勒（Flixborough）的事故就是典型的 VCE 事故。1974年6月，某工厂反应器上 20 in（1 in=2.5 cm）的环己烷管线发生泄漏，导致约 30 t 环己烷持续蒸发。之后环乙烷蒸气云扩散遍及整个工厂，与空气混合，并在泄漏发生后 45 s 被未知点火源点燃。事故导致整个工厂被夷为平地，28 人死亡。

任何涉及大量液化气体、挥发性过热液体或高压气体的过程都被认为是 VCE 发生的潜在源。

---

① 过热液体指温度高于大气压下沸点的液体。

VCE 事故很难表述，主要是因为需要大量的参数。影响 VCE 特性的参数包括可燃物质的泄漏量、可燃物质蒸发百分比、蒸气云被点燃的可能性、点燃前蒸气云迁移的距离、蒸气云被点燃前的延迟时间、发生爆炸（而不是火灾）的可能性、临界物质量、爆炸效率和点火源相对于泄漏点的位置。

从安全的角度来说，防止 VCE 发生的最好方法就是防止可燃物质泄漏。不论安装了何种安全系统来防止燃烧和爆炸，大量的可燃蒸气云都是很危险的，并且几乎是不可控制的。预防 VCE 的方法包括：保持较少的易挥发可燃物质的储存量；如果容器或管线破裂，则采用使闪蒸最小化的工艺条件，使用分析仪器检测低浓度的泄漏；安装自动切断阀，以便在泄漏或释放发生并处于发展的初始阶段及时关闭系统。

2）沸腾液体扩展蒸气云爆炸（BLEVE）。沸腾液体扩展蒸气云爆炸是一种能导致大量物质释放的特殊事故类型。当储存有过热液体的储罐破裂时，就会发生 BLEVE，导致储罐内的大部分物质发生爆炸性蒸发。如果物质是可燃的，就可能进一步导致蒸气云爆炸；如果物质有毒，则大面积区域将遭受毒物的影响。对于任何一种情况，BLEVE 过程所释放的能量都能导致巨大的破坏。

通常，BLEVE 是由火灾引起的，发生过程如下：

①火灾发展到邻近装有过热液体的储罐。

②火灾加热储罐罐壁。

③液面以下储罐罐壁的热量被液体带走，液体气化，液体温度和储罐内的压力增加。

④如果火焰抵达仅有蒸气而没有液体的储罐罐壁或顶部，热量将不能被转移走，储罐罐壁材料温度上升，直至储罐失去其结构强度。

⑤储罐破裂，内部液体迅速蒸发。

由于热量作用改变了容器原有强度等因素，容器很可能在低于设计压力的情况下失效。

如果液体是可燃的，并且火灾是导致事故的起因，那么当储罐破裂时，储罐内的液体将迅速气化同时被点燃，此时的储罐破裂是物理爆炸，爆炸能量主要来自高压物料的瞬间膨胀和储罐材质的破裂；气化后的可燃物被点燃后可形成化学爆炸，这也是此类事故极易造成严重后果的主要原因。

❓ 思考题

1. 结合重点监管危险化工工艺监管要求，分析你所在企业有哪些工艺需要高度关注，其中哪些数据需要重点关注。

2. 结合你所在企业工艺设备特点，分析你所在企业可能发生的燃烧、爆炸类型。

第二章
重大危险源安全生产管理

第一节　法律法规管理要求

一、《中华人民共和国安全生产法》对重大危险源管理的要求

1.《中华人民共和国安全生产法》对重大危险源管理的总体要求有哪些?

重大危险源是危险化学品大量聚集的地方，具有较大的危险性，一旦引发生产安全事故，很有可能对从业人员及相关人员的人身安全和财产造成较大的损害。生产经营单位对重大危险源应当严格管理，采取有效的防护措施，定期检查，防止生产安全事故的发生。

《中华人民共和国安全生产法》第四十条规定，生产经营单位对重大危险源应当登记建档，进行定期检测、评估、监控，并制定应急预案，告知从业人员和相关人员在紧急情况下应当采取的应急措施。生产经营单位应当按照国家有关规定将本单位重大危险源及有关安全措施、应急措施报有关地方人民政府应急管理部门和有关部门备案。第一百零一条规定，生产经营单位对本单位重大危险源未登记建档，未进行定期检测、评估、监控，未制定应急预案，或者未告知应急措

施的，责令限期改正，处 10 万元以下的罚款；逾期未改正的，责令停产停业整顿，并处 10 万元以上 20 万元以下的罚款，对其直接负责的主管人员和其他直接责任人员处 2 万元以上 5 万元以下的罚款；构成犯罪的，依照刑法有关规定追究刑事责任。

依据以上条款的规定，生产经营单位对重大危险源的管理措施主要有以下几个方面：

（1）登记建档。登记建档是为了对重大危险源的情况有一个总体的掌握，做到心中有数，便于采取进一步的措施。比如，危险化学品单位应当对辨识确认的重大危险源及时、逐项进行登记建档。登记建档应当注意确保档案的完整性、连贯性。

（2）定期检测、评估、监控。检测是指通过一定的技术手段，利用仪器工具对重大危险源的一些具体指标、参数进行测量。评估是指对重大危险源的各种情况进行综合分析、判断，掌握其危险程度。监控是指通过监控系统等装置、设备对重大危险源进行观察、监测、控制，防止其引发危险。检测、评估、监控是为了更好地了解和掌握重大危险源的基本情况，及时发现事故隐患，采取相应的措施，防止生产安全事故的发生。生产经营单位应当将对重大危险源的检测、评估、监控作为一项经常性的工作定期进行。检测、评估、监控应当符合有关技术标准的要求，详细记录有关情况，并出具检测、评估或者监控报告，由有关人员签字并对其结果负责。

（3）制定应急预案。应急预案是关于发生紧急情况或者生产安全事故时的应对措施、处理办法、程序等的事先安排和计划。生产经营单位应当根据本单位重大危险源的实际情况，依法制定重大危险源应急预案，建立应急救援组织或者配备应急救援人员，配备必要的防护装备及应急救援器材、设备、物资，并保障其完好和方便使用；配合地方人民政府应急管理部门制定所在地区涉及本单位的危险化学品事故应急预案。对存在吸入性有毒有害气体等重大危险源，生产经营单位应当按规定配备必要的器材和设备。生产经营单位还应当制订重大危险源事故应急预案演练计划，按要求进行事故应急预案演练。应急预案演练结束后应当对应急预案演练效果进行评估，撰写应急预案演练评估报告，分析存在的问题，对应急预案提出修订意见，并及时修订完善。

（4）告知应急措施。生产经营单位应当告知从业人员和相关人员在紧急情况下应当采取的应急措施，这是生产经营单位的一项法定义务。告知从业人员和其他可能受到影响的相关人员在紧急情况下应当采取的应急措施，有利于从业人员和相关人员对自身安全的保护，也有利于他们在紧急情况下采取正确的应急措施，防止事故扩大或者减少事故损失。相关人员主要是指重大危险源发生事故时，生产经营单位以外的可能受到损害的人员，如工厂周围的居民等。

2. 《中华人民共和国安全生产法》对安全风险分级管控和隐患排查治理的要求有哪些？

生产经营单位建立安全风险分级管控制度及事故隐患排查治理制度，把风险控制在隐患形成之前、把隐患消灭在事故前面，是预防和减少生产安全事故的关键举措。

《中华人民共和国安全生产法》第四十一条规定，生产经营单位应当建立安全风险分级管控制度，按照安全风险分级采取相应的管控措施。生产经营单位应当建立健全并落实生产安全事故隐患排查治理制度，采取技术、管理措施，及时发现并消除事故隐患。事故隐患排查治理情况应当如实记录，并通过职工大会或者职工代表大会、信息公示栏等方式向从业人员通报。其中，重大事故隐患排查治理情况应当及时向负有安全生产监督管理职责的部门和职工大会或者职工代表大会报告。第一百零一条规定，生产经营单位未建立安全风险分级管控制度、未按照安全风险分级采取相应管控措施、未建立事故隐患排查治理制度、未按照规定报告重大事故隐患排查治理情况的，责令限期改正，处10万元以下的罚款；逾期未改正的，责令停产停业整顿，并处10万元以上20万元以下的罚款，对其直接负责的主管人员和其他直接责任人员处2万元以上5万元以下的罚款；构成犯罪的，依照刑法有关规定追究刑事责任。

依据以上条款的规定，生产经营单位对安全风险分级管控和隐患排查治理的具体要求包括以下几个方面：

（1）建立安全风险分级管控制度，旨在防范化解重大安全风险。生产经营单位可以通过定期组织开展全过程、全方位的危害辨识、风险评估，严格落实管控措施；针对高风险工艺、高风险设备、高风险场所、高风险岗位和高风险物品等，建立分级管控制度，有效落实管控措施，防止风险演变引发事故。其中，安全风险是指生产经营单位在生产经营活动中可能造成生产安全事故的可能性与随之引发的人身伤害或者财产损失严重性的组合。由于生产技术的快速发展，生产经营活动呈现出日益复杂化、多样化趋势，生产经营单位应当对生产活动中各系统、各环节可能存在的安全风险进行辨识和评估，对辨识和评估出的安全风险采取分级管控的管理措施。

《中共中央　国务院关于推进安全生产领域改革发展的意见》提出，企业要定期开展风险评估和危害辨识。针对高危工艺、设备、物品、场所和岗位，建立分级管控制度，制定落实安全操作规程。

《关于实施遏制重特大事故工作指南构建双重预防机制的意见》对生产经营单位建立安全风险管控制度提出了进一步的要求。一是要全面开展安全风险辨识。企业要针对本企业类型和特点，制定科学的安全风险辨识程序和方法，全面开展安全风险辨识。二是要科学评定安全风险等级。企业要对辨识出的安全风险进行分类梳理，综合考虑起因物、引起事故的诱导性原因、致害物、伤害方式等，确定安全风险类别。三是要有效管控安全风险。企业要根据风险评估的结果，针对安全风险特点，从组织、制度、技术、应急等方面对安全风险进行有效管控。四是要实施安全风险公告警示。企业要建立完善的安全风险公告制度，并加强风险教育和技能培训，确保从业人员掌握安全风险的基本情况及防范、应急措施。

（2）建立事故隐患排查治理和"双报告"制度。生产安全事故隐患是指生产经营单位违反安全生产法律、法规、规章、标准、规程和安全生产管理制度的规定，或者因其他因素在生产经营活动中存在可能导致事故发生的物的危险状态、人的不安全行为和管理上的缺陷。事故隐患是导致事故发生的主要根源之一。根据现行标准的规定，隐患主要有3个方面：人的不安全行为、物的不安全状态和管理上的缺陷。生产经营单位的事故隐患分为一般事故隐患和重大事故隐患。一般事故隐患是指危害和整改难度较小，发现后能够立即整改排除的隐患。

重大事故隐患是指危害和整改难度较大，应当全部或者局部停产停业，并经过一定时间整改治理方能排除的隐患，或者因外部因素影响致使生产经营单位自身难以排除的隐患。《中共中央 国务院关于推进安全生产领域改革发展的意见》提出，企业要树立"隐患就是事故"的观念，建立健全隐患排查治理制度、重大隐患治理情况向负有安全生产监督管理职责的部门和企业职代会"双报告"制度。

生产经营单位应当建立健全并落实生产安全事故隐患排查治理制度，不能把事故隐患排查制度只写在纸上、贴在墙上、锁在抽屉里，要逐步建立并落实从主要负责人到从业人员的事故隐患排查责任制。生产经营单位应当为隐患排查治理工作提供必要的资金和技术保障，定期组织安全生产管理人员、注册安全工程师、工程技术人员和其他相关人员开展事故隐患排查工作。对排查出的生产安全事故隐患，应当按照事故隐患的等级进行登记，建立事故隐患信息档案。对于一般事故隐患，由生产经营单位的车间、班组负责人或者有关人员立即组织整改排除。对于重大事故隐患，由生产经营单位主要负责人或者有关负责人组织制定并实施隐患治理方案。重大事故隐患的治理方案应当包括治理的目标和任务、采取的方法和措施、经费和装备物资的落实、负责整改的机构和人员、治理的时限和要求、相应的安全措施和应急预案等内容。做到"五落实"，即整改责任人、整改措施、整改资金、整改时限和应急救援预案的落实。

生产经营单位在事故隐患排查和治理过程中，应当将排查治理情况如实记录，并通过职工大会或者职工代表大会、信息公示栏等方式向从业人员通报，确保从业人员的知情权。所谓"双报告"制度，即对于重大事故隐患排查治理情况，要求生产经营单位既要及时向负有安全生产监督管理职责的部门报告，又要向职工大会或者职工代表大会报告。

（3）建立重大事故隐患治理督办制度。重大事故隐患的危害较大、整改难度大，一旦引发事故将造成严重后果。加强重大事故隐患的治理，是防范和遏制重特大生产安全事故的重要措施。

县级以上地方各级人民政府负有安全生产监督管理职责的部门应当将重大事故隐患纳入相关信息系统，建立健全重大事故隐患治理督办制度，督促生产经营单位消除重大事故隐患。通过相关信息系统，能够帮助相关监管执法部门及时掌握企业隐患排查治理情况，加强对企业重大事故隐患治理情况的监督检查。重大事故隐患治理督办的方式，可以采取下达督办指令或网上公示。对于某些生产经营单位自身难以解决的重大事故隐患，负有安全生产监督管理职责的部门应当积极协调，指导帮助生产经营单位消除隐患。负有安全生产监督管理职责的部门应当加强重大事故隐患治理过程中的监督检查，发现问题，及时督促整改。重大事故隐患治理结束后，应当及时核销。对于迟迟未按期消除重大事故隐患、又没有其他客观原因的生产经营单位，负有安全生产监督管理职责的部门应当依法责令其停产整顿，直至提请县级以上人民政府予以关闭。治理工作结束后，有条件的生产经营单位应当组织本单位的技术人员和专家对重大事故隐患的治理情况进行评估；其他生产经营单位应当委托具备相应资质的安全评价机构对重大事故隐患的治理情况进行评估。经治理后符合安全生产条件的，生产经营单位应当向负有安全生产监督管理职责的部门提出恢复生产的书面申请，经负有安全生产监督管理职责的部门审查同意后，方可恢复生产经营。申请报告应当包括治理方案的内容、项目和安全评价机构出具的评价报告等。

二、《危险化学品安全管理条例》对重大危险源管理的要求

1. 储存数量构成重大危险源的危险化学品储存设施选址要求有哪些？

危险化学品生产装置或者储存数量构成重大危险源的危险化学品储存设施（运输工具、加油站、加气站除外），与下列场所、设施、区域的距离应当符合国家有关规定：

（1）居住区以及商业中心、公园等人员密集场所。

（2）学校、医院、影剧院、体育场（馆）等公共设施。

（3）饮用水源、水厂以及水源保护区。

（4）车站、码头（依法经许可从事危险化学品装卸作业的除外）、机场以及通信干线、通信枢纽、铁路线路、道路交通干线、水路交通干线、地铁风亭以及地铁站出入口。

（5）基本农田保护区、基本草原、畜禽遗传资源保护区、畜禽规模化养殖场

（养殖小区）、渔业水域以及种子、种畜禽、水产苗种生产基地。

（6）河流、湖泊、风景名胜区、自然保护区。

（7）军事禁区、军事管理区。

（8）法律、行政法规规定的其他场所、设施、区域。

2. 储存数量构成重大危险源的危险化学品仓库的管理要求有哪些?

（1）危险化学品应当储存在专用仓库、专用场地或者专用储存室（统称专用仓库）内，并由专人负责管理。剧毒化学品以及储存数量构成重大危险源的其他危险化学品，应当在专用仓库内单独存放，并实行双人收发、双人保管制度。

（2）危险化学品的储存方式、方法以及储存数量应当符合国家标准或者国家有关规定。

（3）储存危险化学品的单位应当建立危险化学品出入库核查、登记制度。

（4）对剧毒化学品以及储存数量构成重大危险源的其他危险化学品，储存单位应当将其储存数量、储存地点以及管理人员的情况报所在地县级人民政府应急管理部门（在港区内储存的，报港口行政管理部门）和公安机关备案。

（5）危险化学品专用仓库应当符合国家标准、行业标准的要求，并设置明显的标志。储存剧毒化学品、易制爆危险化学品的专用仓库，应当按照国家有关规定设置相应的技术防范设施。

（6）储存危险化学品的单位应当对其危险化学品专用仓库的安全设施、设备定期进行检测、检验。

三、《危险化学品重大危险源监督管理暂行规定》对重大危险源管理的要求

1. 重大危险源辨识、评估与分级要求有哪些?

（1）重大危险源辨识要求。危险化学品单位应当按照《危险化学品重大危险源辨识》（GB 18218—2018），对本单位的危险化学品生产、经营、储存和使用装置、设施或者场所进行重大危险源辨识，并记录辨识过程与结果。

（2）重大危险源评估及分级要求。危险化学品单位应当对重大危险源进行安

全评估并确定重大危险源等级。危险化学品单位可以组织本单位的注册安全工程师、技术人员或者聘请有关专家进行安全评估，也可以委托具有相应资质的安全评价机构进行安全评估。

　　危险化学品单位需要进行安全评价的，重大危险源安全评估可以与本单位的安全评价一起进行，以安全评价报告代替安全评估报告，也可以单独进行重大危险源安全评估。重大危险源根据其危险程度分为一级、二级、三级和四级，一级为最高级别。

　　《危险化学品重大危险源监督管理暂行规定》明确规定，重大危险源有下列情形之一的，应当委托具有相应资质的安全评价机构，按照有关标准的规定采用定量风险评价方法进行安全评估，确定个人和社会风险值：

　　1）构成一级或者二级重大危险源，且毒性气体实际存在（在线）量与其在《危险化学品重大危险源辨识》（GB 18218—2018）中规定的临界量比值之和大于或等于1的。

　　2）构成一级重大危险源，且爆炸品或液化易燃气体实际存在（在线）量与其在《危险化学品重大危险源辨识》（GB 18218—2018）中规定的临界量比值之和大于或等于1的。

　　根据《危险化学品重大危险源监督管理暂行规定》的规定，重大危险源安全评估报告应当客观公正、数据准确、内容完整、结论明确、措施可行，并包括下列内容：

　　1）评估的主要依据。

　　2）重大危险源的基本情况。

　　3）事故发生的可能性及危害程度。

　　4）个人风险和社会风险值（仅适用定量风险评价方法）。

　　5）可能受事故影响的周边场所、人员情况。

　　6）重大危险源辨识、分级的符合性分析。

　　7）安全管理措施、安全技术和监控措施。

　　8）事故应急措施。

　　9）评估结论与建议。

（3）重大危险源重新辨识和评估要求。危险化学品单位应该加强重大危险源动态评估管理。有下列情形之一的，危险化学品单位应当对重大危险源重新进行辨识、安全评估：

1）重大危险源安全评估已满 3 年的。

2）构成重大危险源的装置、设施或者场所进行新建、改建、扩建的。

3）危险化学品种类、数量、生产和使用工艺或者储存方式及重要设备、设施等发生变化，影响重大危险源级别或者风险程度的。

4）外界生产安全环境因素发生变化，影响重大危险源级别和风险程度的。

5）发生危险化学品事故造成人员死亡，或者 10 人以上受伤，或者影响公共安全的。

6）有关重大危险源辨识和安全评估的国家标准、行业标准发生变化的。

2. 重大危险源登记建档、备案及核销要求有哪些？

（1）重大危险源登记建档要求。危险化学品单位应当对辨识确认的重大危险源及时、逐项进行登记建档。重大危险源档案应当包括辨识、分级记录，重大危险源基本特征表，涉及的所有化学品安全技术说明书等相关文件、资料。

（2）重大危险源备案要求具体如下：

1）危险化学品单位在完成重大危险源安全评估报告或者安全评价报告后 15 日内，应当填写重大危险源备案申请表，连同规定的重大危险源档案材料，报送所在地县级人民政府应急管理部门备案。

2）危险化学品单位新建、改建和扩建危险化学品建设项目，应当在建设项目竣工验收前完成重大危险源的辨识、安全评估和分级、登记建档工作，并向所在地县级人民政府应急管理部门备案。

（3）重大危险源核销要求。重大危险源经过安全评价或者安全评估不再构成重大危险源的，危险化学品单位应当向所在地县级人民政府应急管理部门申请核销。

3. 重大危险源档案包括哪些内容？

重大危险源档案应当包括下列文件、资料：

（1）辨识、分级记录。

（2）重大危险源基本特征表。

（3）涉及的所有化学品安全技术说明书。

（4）区域位置图、平面布置图、工艺流程图和主要设备一览表。

（5）重大危险源安全管理规章制度及安全操作规程。

（6）安全监测监控系统、措施说明及检测、检验结果。

（7）重大危险源事故应急预案、评审意见、演练计划和评估报告。

（8）安全评估报告或者安全评价报告。

（9）重大危险源关键装置、重点部位的责任人、责任机构名称。

（10）重大危险源场所安全警示标志的设置情况。

（11）其他文件、资料。

4. 重大危险源核销需要提交哪些资料？

申请核销重大危险源，应当提交下列文件、资料：

（1）载明核销理由的申请书。

（2）单位名称、法定代表人、住所、联系人、联系方式。

（3）安全评价报告或者安全评估报告。

四、其他安全生产相关文件对重大危险源管理的要求

1.《全国安全生产专项整治三年行动计划》对重大危险源管理的要求有哪些？

2020年4月1日，国务院安全生产委员会下发了《全国安全生产专项整治三年行动计划》（安委〔2020〕3号），明确了2个专题实施方案、9个专项整治实施方案，其中《危险化学品安全专项整治三年行动实施方案》对重大危险源管理作了如下规定：

（1）大力推进危险化学品企业安全风险分级管控和隐患排查治理体系建设，运用信息化手段实现企业、化工园区、监管部门信息共享、上下贯通，2022年年底前涉及重大危险源的危险化学品企业要全面完成以安全风险分级管控和隐患

排查治理为重点的安全预防控制体系建设。

（2）全面排查管控危险化学品生产、储存企业外部安全防护距离。督促危险化学品生产、储存企业按照《危险化学品生产装置和储存设施风险基准》（GB 36894—2018）和《危险化学品生产装置和储存设施外部安全防护距离确定方法》（GB/T 37243—2019）等标准规范确定外部安全防护距离。不符合外部安全防护距离要求的涉及重大危险源的生产装置和储存设施，经评估具备就地整改条件的，整改工作必须在 2020 年年底前完成，未完成整改的一律停止使用；需要实施搬迁的，在采取尽可能消减安全风险措施的基础上于 2022 年年底前完成；已纳入城镇人口密集区危险化学品生产企业搬迁改造计划的，要确保按期完成。

（3）推进重大危险源生产装置、储存设施可燃气体和有毒气体泄漏检测报警装置、紧急切断装置、自动化控制系统的建设完善，2020 年年底前涉及重大危险源的生产装置、储存设施的上述系统装备和使用率必须达到 100%，未实现或未投用的，一律停产整改。

（4）自 2020 年 5 月起，对涉及重大危险源生产装置和储存设施的企业，新入职的主要负责人和主管生产、设备、技术、安全的负责人及安全生产管理人员必须具备化学、化工、安全等相关专业大专及以上学历或化工类中级及以上职称，新入职的涉及重大危险源的生产装置、储存设施操作人员必须具备高中及以上学历或化工类中等及以上职业教育水平；不符合上述要求的现有人员应在 2022 年年底前达到相应水平。

2.《关于全面加强危险化学品安全生产工作的意见》对重大危险源管理的要求有哪些？

（1）按照《化工园区安全风险排查治理导则（试行）》和《危险化学品企业安全风险隐患排查治理导则》等相关制度规范，全面开展安全风险排查和隐患治理。严格落实地方党委和政府领导责任，结合实际细化排查标准，对危险化学品企业、化工园区或化工集中区，组织实施精准化安全风险排查评估，分类建立完善安全风险数据库和信息管理系统，区分"红、橙、黄、蓝"四级安全风险，突出一、二级重大危险源和有毒有害、易燃易爆化工企业，按照"一企一策""一园一策"原则，实施最严格的治理整顿。

（2）涉及"两重点一重大"（重点监管的危险化工工艺、重点监管的危险化学品和危险化学品重大危险源）的危险化学品建设项目由设区的市级以上政府相关部门联合建立安全风险防控机制。

3.《危险化学品企业重大危险源安全包保责任制办法（试行）》对重大危险源人员配备的要求有哪些？

危险化学品企业应当明确本企业每一处重大危险源的主要负责人、技术负责人和操作负责人，从总体管理、技术管理、操作管理3个层面对重大危险源实行安全包保。重大危险源的主要负责人，应当由危险化学品企业的主要负责人担任。重大危险源的技术负责人，应当由危险化学品企业层面技术、生产、设备等分管负责人或者二级单位（分厂）层面有关负责人担任。重大危险源的操作负责人，应当由重大危险源生产单元、储存单元所在车间、单位的现场直接管理人员担任，例如车间主任。

4.《危险化学品企业重大危险源安全包保责任制办法（试行）》对重大危险源主要负责人、技术负责人、操作负责人应该履行的职责提出哪些要求？

（1）重大危险源的主要负责人，对所包保的重大危险源负有下列安全职责：

1）组织建立重大危险源安全包保责任制并指定对重大危险源负有安全包保责任的技术负责人、操作负责人。

2）组织制定重大危险源安全生产规章制度和操作规程，并采取有效措施保证其得到执行。

3）组织对重大危险源的管理和操作岗位人员进行安全技能培训。

4）保障重大危险源安全生产所必需的安全投入。

5）督促、检查重大危险源安全生产工作。

6）组织制定并实施重大危险源生产安全事故应急救援预案。

7）组织通过危险化学品登记信息管理系统填报重大危险源有关信息，确保重大危险源安全监测监控有关数据接入危险化学品安全生产风险监测预警系统。

（2）重大危险源的技术负责人，对所包保的重大危险源负有下列安全职责：

1）组织实施重大危险源安全监测监控体系建设，完善控制措施，确保安全监测监控系统符合国家标准或者行业标准的规定。

2）组织定期对安全设施和监测监控系统进行检测、检验，并进行经常性维护、保养，确保有效、可靠运行。

3）对于超过个人和社会可容许风险值限值标准的重大危险源，组织采取相应的降低风险措施，直至风险满足可容许风险标准要求。

4）组织审查涉及重大危险源的外来施工单位及人员的相关资质、安全管理等情况，审查涉及重大危险源的变更管理。

5）每季度至少组织对重大危险源进行一次针对性安全风险隐患排查，重大活动、重点时段和节假日前必须进行重大危险源安全风险隐患排查，制定管控措施和治理方案并监督落实。

6）组织演练重大危险源专项应急预案和现场处置方案。

（3）重大危险源的操作负责人，对所包保的重大危险源负有下列安全职责：

1）负责督促检查各岗位严格执行重大危险源安全生产规章制度和操作规程。

2）对涉及重大危险源的特殊作业、检维修作业等进行监督检查，督促落实作业安全管控措施。

3）每周至少组织一次重大危险源安全风险隐患排查。

4）及时采取措施消除重大危险源事故隐患。

5. 《危险化学品企业重大危险源安全包保责任制办法（试行）》对重大危险源的管理措施作了哪些规定？

（1）危险化学品企业应当在重大危险源安全警示标志位置设立公示牌，写明重大危险源的主要负责人、技术负责人、操作负责人姓名、对应的安全包保职责及联系方式，接受员工监督。

（2）重大危险源安全包保责任人、联系方式应当录入全国危险化学品登记信息管理系统，并向所在地应急管理部门报备。相关信息变更的，应当于变更后5日内在全国危险化学品登记信息管理系统中更新。

（3）危险化学品企业应当按照《应急管理部关于全面实施危险化学品企业安全风险研判与承诺公告制度的通知》（应急〔2018〕74号）有关要求，向社会承诺公告重大危险源安全风险管控情况，在安全承诺公告牌企业承诺内容中增加落实重大危险源安全包保责任的相关内容。

（4）危险化学品企业应当建立重大危险源主要负责人、技术负责人、操作负责人的安全包保履职记录，做到可查询、可追溯，企业的安全管理机构应当对包保责任人履职情况进行评估，纳入企业安全生产责任制考核与绩效管理。

五、《中华人民共和国刑法》中涉及安全生产罪刑的规定

1. 什么是重大责任事故罪？

重大责任事故罪是指在生产、作业中违反有关安全管理的规定，发生重大伤亡事故或者造成其他严重后果的，处3年以下有期徒刑或者拘役；情节特别恶劣的，处3年以上7年以下有期徒刑。

重大责任事故罪的构成要件包括以下4个方面：

（1）侵犯的客体是生产、作业的安全。生产、作业的安全是各行各业都十分重视的问题。在生产过程中出现的任何问题都有可能破坏正常的生产秩序，甚至引发重大伤亡事故，造成财产损失。同时，生产安全也是公共安全的重要组成部分，危害生产安全同样会使不特定多数人的生命、健康或者公私财产遭受重大损失。

（2）客观方面表现为在生产、作业中违反有关安全管理的规定，因而发生重大伤亡事故或者造成其他严重后果的行为。违反有关安全管理的规定而发生重大伤亡事故或者造成其他严重后果，是重大责任事故罪的本质特征。其在实践中多表现为不服管理、违反规章制度。

（3）犯罪主体为一般主体，包括对生产、作业负有组织、指挥或者管理职责的负责人、管理人员、实际控制人、投资人等人员，以及直接从事生产、作业的人员。

（4）主观方面表现为过失。行为人在生产、作业中违反有关安全管理规定，

可能是出于故意，但对于其行为引起的严重后果而言，其行为则是过失，因为行为人不希望其行为造成严重的后果。之所以发生了事故，是由于行为人在生产过程中严重不负责任、疏忽大意或者对事故隐患不积极采取治理措施，轻信能够避免事故发生。

2. 什么是强令、组织他人违章冒险作业罪？

强令、组织他人违章冒险作业罪是指强令他人违章冒险作业，或者明知存在重大事故隐患而不排除，仍冒险组织作业，发生重大伤亡事故或者造成其他严重后果的，处 5 年以下有期徒刑或者拘役；情节特别恶劣的，处 5 年以上有期徒刑。

强令、组织他人违章冒险作业罪的构成要件包括以下 4 个方面：

（1）侵犯的客体是作业的安全。强令、组织他人违章冒险作业，是对正常作业安全秩序的严重扰乱和破坏，发生了危害公共安全的后果，即危害了不特定多数人的生命、健康和公私财产的安全。

（2）客观方面表现为强令、组织他人违章冒险作业，因而发生重大伤亡事故或者造成其他严重后果的行为。

（3）犯罪主体为一般主体，包括对生产、作业负有组织、指挥或者管理职责的负责人、管理人员、实际控制人、投资人等人员。

（4）主观方面为过失。强令、组织他人违章冒险作业罪是结果犯罪，行为人虽然实施了强令、组织他人违章冒险作业的行为，但如果没有发生重大伤亡事故或者造成其他严重后果，只属于一般责任事故，不构成犯罪。

3. 什么是重大劳动安全事故罪？

重大劳动安全事故罪是指安全生产设施或者安全生产条件不符合国家规定，发生重大伤亡事故或者造成其他严重后果的，对直接负责的主管人员和其他直接责任人员，处 3 年以下有期徒刑或者拘役；情节特别恶劣的，处 3 年以上 7 年以下有期徒刑。

重大劳动安全事故罪的构成要件包括以下 4 个方面：

（1）侵犯的客体是生产安全。保护从业人员在生产过程中的安全与健康，是生产经营单位的法律义务和责任。

（2）客观方面表现为安全生产设施或者安全生产条件不符合国家规定，因而发生重大伤亡事故或者造成其他严重后果的行为。

（3）犯罪主体为一般主体，是指对安全生产设施或者安全生产条件不符合国家规定负有直接责任的生产经营单位负责人、管理人员、实际控制人、投资人，以及其他对安全生产设施或者安全生产条件负有管理、维护职责的人员。

（4）主观方面由过失构成。即行为人应当预见安全生产设施或者安全生产条件不符合国家规定所产生的后果，但由于疏忽大意没有预见或者虽然已经预见，但轻信可以避免，结果导致发生了重大生产安全事故。

4. 什么是危险作业罪？

危险作业罪是指在生产、作业中违反有关安全管理的规定，有下列情形之一，具有发生重大伤亡事故或者其他严重后果的现实危险的，处 1 年以下有期徒刑、拘役或者管制：

（1）关闭、破坏直接关系生产安全的监控、报警、防护、救生设备、设施，或者篡改、隐瞒、销毁其相关数据、信息的。

（2）因存在重大事故隐患被依法责令停产停业、停止施工、停止使用有关设备、设施、场所或者立即采取排除危险的整改措施，而拒不执行的。

（3）涉及安全生产的事项未经依法批准或者许可，擅自从事危险物品生产、经营、储存等高度危险的生产作业活动的。

"未经依法批准或者许可"主要包括以下 4 种情形：

1）自始未取得批准或者许可。

2）批准或者许可被暂扣、吊销、注销等。

3）虽然有批准或者许可，但批准或者许可是非法的，如以欺骗、贿赂等非法手段获取的批准或者许可。

4）超过批准或者许可的期限、范围。实践中普遍存在边申请、边审批、边开工等程序性违法的情况，即使事后依法取得了批准或者许可，也可以认为依法取得批准或者许可前的阶段属于"未经依法批准或者许可"。

危险作业罪的构成要件包括以下 4 个方面：

（1）危险作业罪侵犯的客体是生产、作业中有关安全生产的管理制度和公共安全。危险作业罪规定为危险犯，不要求实际发生生产、作业事故，只要具有发生重大伤亡事故或者其他严重后果的现实危险，即可成立。危险作业罪不以结果为导向，注重安全生产过程的管控，关口前移，把发生事故的各种因素消灭在萌芽状态。

（2）危险作业罪的客观方面表现为在生产、作业中违反有关安全管理的规定，关闭、破坏直接关系生产安全的监控、报警、防护、救生设备、设施，或者篡改、隐瞒、销毁其相关数据、信息；因存在重大事故隐患被依法责令停产停业、停止施工、停止使用有关设备、设施、场所或者立即采取排除危险的整改措施，而拒不执行；涉及安全生产的事项未经依法批准或者许可，擅自从事危险物品生产、经营、储存等高度危险的生产作业活动。

（3）危险作业罪的犯罪主体为一般主体，凡年满 16 周岁、具有刑事责任能力的自然人均可以构成危险作业罪。

（4）危险作业罪的主观方面是故意。危险作业罪属于故意犯罪。

5. 重大责任事故罪、重大劳动安全事故罪以及强令、组织他人违章冒险作业罪中的"重大伤亡事故""其他严重后果""情节特别恶劣"的含义是什么？

（1）"重大伤亡事故""其他严重后果"的含义。具有下列情形之一的，应当认定为"发生重大伤亡事故或者造成其他严重后果"：

1）造成死亡 1 人以上，或者重伤 3 人以上的。

2）造成直接经济损失 100 万元以上的。

3）造成其他严重后果或者重大安全事故的情形。

（2）"情节特别恶劣"的含义。具有下列情形之一的，应当认定为"情节特别恶劣"：

1）造成死亡 3 人以上或者重伤 10 人以上，负事故主要责任的。

2）造成直接经济损失 500 万元以上，负事故主要责任的。

3）其他造成特别严重后果、情节特别恶劣或者后果特别严重的情形。

6. 什么是不报、谎报安全事故罪？不报、谎报安全事故罪中"情节严重"和"情节特别严重"的含义是什么？

不报、谎报安全事故罪是指在安全事故发生后，负有报告职责的人员不报或者谎报事故情况，贻误事故抢救，情节严重的，处 3 年以下有期徒刑或者拘役；情节特别严重的，处 3 年以上 7 年以下有期徒刑。

（1）"情节严重"的含义。具有下列情形之一的，应当认定为不报、谎报安全事故罪中的"情节严重"：

1）导致事故后果扩大，增加死亡 1 人以上，或者增加重伤 3 人以上，或者增加直接经济损失 100 万元以上的。

2）实施下列行为之一，致使不能及时有效开展事故抢救的：

①决定不报、迟报、谎报事故情况或者指使、串通有关人员不报、迟报、谎报事故情况的。

②在事故抢救期间擅离职守或者逃匿的。

③伪造、破坏事故现场，或者转移、藏匿、毁灭遇难人员尸体，或者转移、藏匿受伤人员的。

④毁灭、伪造、隐匿与事故有关的图纸、记录、计算机数据等资料以及其他证据的。

（2）"情节特别严重"的含义。具有下列情形之一的，应当认定为不报、谎报安全事故罪中的"情节特别严重"：

1）导致事故后果扩大，增加死亡 3 人以上，或者增加重伤 10 人以上，或者增加直接经济损失 500 万元以上的。

2）采用暴力、胁迫、命令等方式阻止他人报告事故情况，导致事故后果扩大的。

3）其他情节特别严重的情形。

?　思考题

> 1. 企业应如何落实安全生产法律法规及相关文件对重大危险源管理的要求？
>
> 2. 重大危险源技术负责人在落实相关法律法规、文件对重大危险源管理要求中发挥着什么作用？

第二节　重大危险源技术负责人履责要求

一、安全包保职责要求

如何理解技术负责人的重大危险源安全包保职责要求？

重大危险源安全包保责任制对技术负责人共提出了6项职责要求，更多体现在技术负责人从技术上保障重大危险源安全运行的责任方面。保障管辖范围内的重大危险源安全运行是技术负责人辅助主要负责人做好企业安全生产的第一要务，也是落实企业安全生产主体责任的重要抓手。

重大危险源技术负责人要在主要负责人的领导下，从技术管理层面承担安全包保责任的组织实施，具体内容如下：

（1）组织实施重大危险源安全监测监控体系建设，完善控制措施，确保安全监测监控系统符合国家标准或者行业标准的规定。

这是根据《危险化学品重大危险源监督管理暂行规定》第十三条的规定制定的。《危险化学品重大危险源监督管理暂行规定》第十三条规定，危险化学品单位应当根据构成重大危险源的危险化学品种类、数量、生产和使用工艺（方式）或者相关设备、设施等实际情况，按照下列要求建立健全安全监测监控体系，完

善控制措施:

1）对于重大危险源储存设施以及构成重大危险源的化工生产装置，应配备温度、压力、液位、流量、组分等信息的不间断采集和监测系统以及可燃气体和有毒有害气体泄漏检测报警装置，并具备信息远传、连续记录、事故预警、信息存储等功能。一级或者二级重大危险源，应具备紧急停车功能。记录的电子数据的保存时间不少于 30 天。

2）对于构成重大危险源的化工生产装置，应配备自动化控制系统。一级或者二级重大危险源应装备紧急停车系统。

3）对重大危险源中的毒性气体、剧毒液体和易燃气体等重点设施，设置紧急切断装置；毒性气体的设施，设置泄漏物紧急处置装置。涉及毒性气体、液化气体、剧毒液体的一级或者二级重大危险源，配备独立的安全仪表系统（SIS）。

4）重大危险源中储存剧毒物质的场所或者设施，设置视频监控系统。

5）安全监测监控系统符合国家标准或者行业标准的规定。

另外，《危险化学品重大危险源安全监控通用技术规范》（AQ 3035—2010）、《危险化学品重大危险源　罐区现场安全监控装备设置规范》（AQ 3036—2010）对重大危险源的安全监控配备均提出了具体要求，《关于加强化工安全仪表系统管理的指导意见》（安监总管三〔2014〕116 号）中对重大危险源配备的安全仪表系统提出了具体的指导要求。

（2）组织定期对安全设施和监测监控系统进行检测、检验，并进行经常性维护、保养，确保有效、可靠运行。

《危险化学品重大危险源监督管理暂行规定》第十五条规定，危险化学品单位应当按照国家有关规定，定期对重大危险源的安全设施和安全监测监控系统进行检测、检验，并进行经常性维护、保养，确保重大危险源的安全设施和安全监测监控系统有效、可靠运行。维护、保养、检测应当做好记录，并由有关人员签字。

要做到定期检测、检验，首先要建立相应的管理制度，明确监测监控设施的配备条件及检测、检验周期，落实责任人员，同时建立监测监控设施台账，汇总登记监测监控设施的配置位置、种类、型号、数量、投用完好情况及检测、检验时间，如可燃有毒气体检测报警器的定期检测、储罐防雷接地设施的定期检测等。在安全设施的维护、保养方面，技术负责人要分区域、分类型、分设备落实相关责任人员，明确安全设施的完好标准，督促操作负责人及设备、电仪等专业技术管理人员加强安全设施的维护和保养工作。

（3）对于超过个人和社会可容许风险值限值标准的重大危险源，组织采取相应的降低风险措施，直至风险满足可容许风险标准要求。

对重大危险源开展个人和社会可容许风险计算是《危险化学品重大危险源监督管理暂行规定》的要求，也是防止重大危险源事故风险外溢的措施。

《危险化学品重大危险源监督管理暂行规定》明确规定，重大危险源有下列情形之一的，应当委托具有相应资质的安全评价机构，按照有关标准的规定采用定量风险评价方法进行安全评估，确定个人和社会风险值：①构成一级或者二级重大危险源，且毒性气体实际存在（在线）量与其在《危险化学品重大危险源辨识》（GB 18218—2018）中规定的临界量比值之和大于或等于1的。②构成一级重大危险源，且爆炸品或液化易燃气体实际存在（在线）量与其在《危险化学品重大危险源辨识》（GB 18218—2018）中规定的临界量比值之和大于或等于1的。

《危险化学品重大危险源监督管理暂行规定》第十四条规定，通过定量风险评价确定的重大危险源的个人和社会风险值，不得超过个人和社会可容许风险值限值标准。超过个人和社会可容许风险值限值标准的，危险化学品单位应当采取相应的降低风险措施。

《危险化学品生产装置和储存设施风险基准》（GB 36894—2018）规定了危险化学品生产装置和储存设施对周边防护目标的个人风险值及社会风险值。

《危险化学品生产装置和储存设施外部安全防护距离确定方法》（GB/T 37243—2019）明确了个人风险和社会风险的计算方法，规定了不同类型防护目标外部的安全防护距离。

重大危险源能量集中，发生事故后往往后果严重，甚至还有可能引发多米诺效应，扩大事故后果。因此，对重大危险源场所必须开展个人风险及社会风险计算。对风险值不满足规定要求的，应采取工程技术措施，提升本质安全水平。同时从安全管理、应急处置等方面采取多项技术措施，如减少重大危险源物料储量、严格控制操作参数不超限、完善应急处置设施等，努力降低个人风险值和社会风险值。

在采取降低风险措施的同时，要坚持"尽量合理降低"原则（ALARP原则，如图2-1所示），即在当前的技术条件和合理的费用下，对风险的控制要做到在合理可行的范围内使风险尽可能低。按照ALARP原则，风险区域可分为：

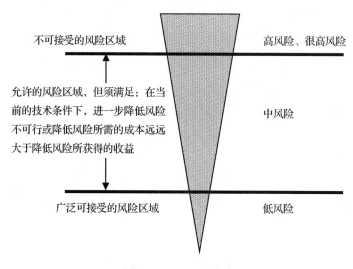

图2-1　ALARP原则

1）不可接受的风险区域。在这个区域，除非特殊情况，风险是不可接受的。

2）允许的风险区域。在这个区域内，必须满足以下条件之一，风险才是可允许的：

①在当前的技术条件下，进一步降低风险不可行。

②降低风险所需的成本远远大于降低风险所获得的收益。

3）广泛可接受的风险区域。在这个区域，剩余风险水平是可忽略的，一般不要求进一步采取措施降低风险。

ALARP原则推荐在合理可行的范围内把风险降低到"尽可能低"。假设某一风险位于两种极端情况（不可接受的风险区域和广泛可接受的风险区域）之间，如果使用了ALARP原则，则所得到的风险被认为是可允许的风险。

（4）组织审查涉及重大危险源的外来施工单位及人员的相关资质、安全管理等情况，审查涉及重大危险源的变更管理。

这强调了承包商管理与变更管理的重要性。重大危险源的技术负责人，即企业层面技术、生产、设备等分管负责人或者二级单位（分厂）层面有关负责人，是本部门或单位外来施工单位的主要管理人，要对外来施工单位及人员的相关资质进行审查，要对施工单位作业过程进行全程管理。

化工生产离不开承包商。在企业生产过程中，承包商起着重要的作用。从机电设备的检维修、保运、土建施工、设备安装、防腐保温，到危险化学品运输、技术服务、劳务外委等，大多委托承包商完成。对承包商管理不到位也是企业事故多发的原因。目前，承包商在企业发生的事故属于企业的事故。因此，对承包商在重大危险源场所的作业必须严格加强管理。涉及重大危险源场所作业的承包商入厂前，必须由技术负责人组织对其进行资格审查和业绩审查，坚决杜绝声誉差、素质低的承包商入场作业。

变更管理在企业生产过程中也起着重要作用。企业生产过程中的变更包括工艺技术、设备设施及管理等的变更。重大危险源场所的变更会造成风险发生变化，不正确的变更可能导致火灾、爆炸或有毒气体泄漏等灾难性事故发生。据统计，60%以上的较大以上事故与变更管理不到位有关。技术负责人要组织对涉及重大危险源的各项变更方案进行审查，重点审查变更的必要性、变更方案的可靠性、变更导致的风险变化、变更实施时机的适宜性等内容，对重要变更进行正规设计，同时加强变更后的培训和效果评估工作。对于变更后可能涉及重大危险源等级变化的，要重新进行辨识、评估及分级。

（5）每季度至少组织对重大危险源进行一次针对性安全风险隐患排查，重大活动、重点时段和节假日前必须进行重大危险源安全风险隐患排查，制定管控措施和治理方案并监督落实。

按照《危险化学品企业安全风险隐患排查治理导则》要求，技术负责人除参加主要负责人组织的综合性隐患排查工作外，还要组织各专业人员根据季节性特征及本单位的生产实际，每季度至少对重大危险源场所开展一次有针对性的季节性安全风险隐患排查，在重大活动、重点时段及节假日前组织进行安全风险各项专项隐患排查工作。表2-1列出了技术负责人定期开展隐患排查工作示例。对发现的重大隐患问题及时上报主要负责人，对发现的一般隐患应按照"五定"（定人员、定时间、定责任、定标准、定措施）原则落实整改，并建立隐患排查长效机制。对不能立即整改的，应负责审定措施并加强管控。

表2-1　　　　　　　　　技术负责人定期开展隐患排查工作示例

隐患排查类型	参与方式	计划开展时间	重点排查内容	实际实施情况	发现隐患数量	考核情况
公司级综合性排查	参与		岗位责任制执行情况			
公司级专业性排查	组织		安全附件定期检测情况			
公司级季节性排查	组织		防雷、防静电情况			
公司级重点时段排查	参与/组织		值班情况			

（6）组织演练重大危险源专项应急预案和现场处置方案。

按照《危险化学品重大危险源监督管理暂行规定》第二十一条规定，对重大危险源专项应急预案，每年至少进行一次演练；对重大危险源现场处置方案，每半年至少进行一次。应急预案演练结束后，危险化学品单位应当对应急预案演练效果进行评估，撰写应急预案演练评估报告，分析存在的问题，对应急预案提出修订意见，并及时修订完善。

技术负责人要参与对应急预案演练方案的审查工作，督促、检查重大危险源专项应急预案的演练情况、演练效果，通过演练验证预案的有效性和可操作性，全面提升从业人员应急处置能力，做到险情面前不慌张，处置正确、及时。

二、履责措施

1. 技术负责人应如何履行重大危险源包保责任？

技术负责人作为重大危险源安全包保环节中的重要一环，在保障重大危险源安全方面起着关键的作用。技术负责人既要贯彻落实主要负责人对重大危险源安全管理工作的要求，又要督促和指导操作负责人具体运行操作。技术负责人的包保责任是在主要负责人包保责任基础上的进一步具体化，既突出了管理职责，也强调了具体实施的要求，做到职责、任务层层分解，逐项落实。

技术负责人应履行好自己应承担的包保责任，并做到以下几点：

（1）专业知识、管理能力和学历满足相应要求。《危险化学品安全专项整治三年行动实施方案》中要求，自 2020 年 5 月起，对涉及"两重点一重大"生产装置和储存设施的企业，新入职的主管生产、设备、技术、安全的负责人及安全生产管理人员必须具备化学、化工、安全等相关专业大专及以上学历或化工类中级及以上职称。

（2）不断加强自身业务学习。技术负责人要熟悉国家法律法规对重大危险源管理的要求及企业自身重大危险源管理现状，参与企业管理制度的制定，并在主要负责人授权下组织好操作规程的编制、审核和审批工作，自觉遵守企业管理制度。

（3）高度重视承包商管理工作，并做到以下几点：

1）建立承包商管理制度，主要包括以下内容：

①适用范围。

②管理职责与分工。

③承包商的选择。

④承包商的入厂培训要求。

⑤承包商安全管理职责与范围的确定。

⑥对承包商施工过程的监控、方案的审定及绩效考核。

⑦安全交底要求。

⑧承包商的作业管理。

⑨承包商的续用及退出管理。

2）严格执行承包商管理制度，主要包括以下内容：

①对承包商的准入、绩效评价和退出的管理。

②承包商入厂前的安全教育培训、作业开始前的安全交底。

③对承包商施工方案和应急预案的审查。

④与承包商签订安全管理协议，明确双方安全管理范围与责任。

⑤对承包商作业进行全程安全监督。

（4）高度重视变更管理工作，严格管控因实施变更作业可能存在的风险。技术负责人应协助主要负责人建立变更管理制度，并将其纳入公司安全管理制度体系，规范变更管理，对涉及重大危险源的变更方案进行审核或审批。实施变更前，技术负责人要负责组织专业人员进行检查，确保变更具备安全条件；明确受变更影响的本企业人员和承包商作业人员，并对其进行相应的培训。变更完成后，技术负责人要组织及时更新相应的安全生产信息，建立变更管理档案。

变更管理制度一般包含以下内容：

1）变更范围及变更类型。

2）变更审批工作程序和权限。

3）变更后的培训。

4）变更后信息的更新、变更资料的归档管理。

5）变更奖惩管理等。

（5）在隐患排查治理工作中，应做到以下几点：

1）按照国家标准规范要求，认真核实所包保的重大危险源监测监控设施是否满足要求。

2）重大危险源罐区要按照《危险化学品重大危险源监督管理暂行规定》、《危险化学品重大危险源安全监控通用技术规范》（AQ 3035—2010）、《危险化学品重大危险源　罐区现场安全监控装备设置规范》（AQ 3036—2010）、《关于进一步加强化学品罐区安全管理的通知》（安监总管三〔2014〕68号）等相关文件规定，配置监测监控设施。构成重大危险源的生产装置区要结合涉及的危险化工工艺安全控制要求完善相关设施。

3）认真核查所包保的重大危险源各项监测监控设施是否完好在用，需要定期检测的是否已按照要求完成检测。相关核查内容举例如下：

①重大危险源设置的安全阀、压力表等是否定期检测。

②安全仪表系统是否定期测试。

③长期停用的仪表以及检修后再次投用的仪表是否进行调试。

④重大危险源安装的仪器仪表是否存在结晶堵塞现象或其他可能导致仪表测量不准的现象。

⑤罐区紧急切断阀设置及安全可靠情况。

⑥涉及氮封的设施氮封系统是否完好。

4）对超过个人和社会可容许风险值限值标准的重大危险源存在的潜在风险及已采取的管控措施进行研判，并从工程技术、安全管理、个人防护、应急处置等各方面完善管控措施，对存在的隐患制定整改方案并落实整改，尽最大努力降低风险，必要时提出停用或改变功能的方案报主要负责人批准。

5）对涉及重大危险源的施工作业方案、特殊作业票进行审批，落实作业安全措施，坚持"非必要不作业""非必要不升级"的原则，切实保障重大危险源的安全。

6）定期组织对重大危险源的安全风险隐患排查，审定隐患排查方案、排查计划和排查重点，审定管控措施和治理方案并监督落实。

（6）组织演练重大危险源专项应急预案和现场处置方案，评估现有应急措施及应急能力能否满足应急要求。

2. 如何做好技术负责人在重大危险源包保履责方面的考核工作？

做好履责，就必须辅以定期考核。制定翔实、尽可能量化的考核表并对照考核内容逐项进行考核，有助于落实包保责任。考核表的内容举例如下：技术负责人组织开展各种隐患排查的次数是否符合规定要求，管辖范围内监测监控设施的投用率、完好率是否满足预定要求，承包商作业时是否有违章行为被查处，督促操作负责人开展工作的任务是否按时完成等。

《危险化学品企业重大危险源安全包保责任制办法（试行）》已明确规定，危险化学品企业应当建立重大危险源主要负责人、技术负责人、操作负责人的安全包保履职记录，做到可查询、可追溯，企业的安全管理机构应当对包保责任人履职情况进行评估，纳入企业安全生产责任制考核与绩效管理。

化工企业专职安全管理机构承担着公司安全生产的考核管理工作，要严格按照考核标准定期开展考核，认真评议技术负责人在重大危险源安全包保方面履责情况，定期向主要负责人汇报考核结果。只有上下联动、齐抓共管，才能保障重大危险源安全运行。

❓ **思考题**

> 1. 作为企业重大危险源技术负责人，应该如何在你的岗位履行好自己的包保职责？
>
> 2. 在开展隐患整改措施审查时，应注意哪些问题？
>
> 3. 如何控制承包商在重大危险源场所作业时可能带来的风险？

第三节　重大危险源规章制度及操作规程

1. 重大危险源企业应制定哪些管理制度？

《危险化学品生产企业安全生产许可证实施办法》明确了企业应建立的管理制度，至少应包括以下内容：

（1）安全生产例会等安全生产会议制度。

（2）安全投入保障制度。

（3）安全生产奖惩制度。

（4）安全培训教育制度。

（5）领导干部轮流现场带班制度。

（6）特种作业人员管理制度。

（7）安全检查和隐患排查治理制度。

（8）重大危险源评估和安全管理制度。

（9）变更管理制度。

（10）应急管理制度。

（11）生产安全事故或者重大事件管理制度。

（12）防火、防爆、防中毒、防泄漏管理制度。

（13）工艺、设备、电气仪表、公用工程安全管理制度。

（14）动火、进入受限空间、临时用电、吊装、高处作业、盲板抽堵、动土、断路、设备检维修等作业安全管理制度。

（15）危险化学品安全管理制度。

（16）职业健康相关管理制度。

（17）劳动防护用品使用、维护、管理制度。

（18）承包商管理制度。

（19）安全管理制度及操作规程定期修订制度等。

除此之外，企业还应针对重大危险源建立下列管理制度：

（1）重大危险源安全包保管理制度。

（2）重大危险源场所高风险作业管理制度。

（3）异常工况下应急授权的管理制度。

2. 重大危险源场所哪些作业属于高风险作业？应如何从制度和操作规程方面强化过程管理？

根据《危险化学品企业安全风险隐患排查治理导则》的规定，高风险作业是指操作过程安全风险较大，容易发生人身伤亡或设备损坏，安全事故后果严重，需要采取特别控制措施的作业，一般包括以下内容：

（1）《危险化学品企业特殊作业安全规范》（GB 30871—2022）规定的动火、进入受限空间、盲板抽堵、高处作业、吊装、临时用电、动土、断路等特殊作业。

（2）储罐切水、液化烃充装等危险性较大的作业。

（3）安全风险较大的设备检维修作业。

对特殊作业的管理，企业应严格按照相关标准要求，制定切合企业实际的特殊作业管理制度并认真执行，落实好作业人、监护人、审批人的职责。对储罐切水作业，企业应制定相应操作规程，规定作业人员必须严格执行操作规程，强化过程监管。对液化烃的充装作业，企业应制定管理制度或操作规程，并明确易燃易爆、有毒危险化学品装卸作业时装卸设施接口连接可靠性的确认要求，每次作业前进行检查，确保装卸设施接口不存在磨损、变形、局部缺口、胶圈或垫片老化等缺陷，避免出现接口脱开、接口不稳固等问题。

3. 重大危险源场所装卸作业管理制度至少应包括哪些内容？

（1）现场人员各自的安全责任、作业范围。

（2）运输车辆的管理要求、相关人员证件的管理要求。

（3）作业前安全条件确认的管理要求。

（4）作业过程中的应急管理、人员管理要求。

（5）作业完成后的确认管理要求。

4. 应如何做好重大危险源操作规程的管理工作？

（1）《化工企业工艺安全管理实施导则》（AQ/T 3034—2010）对操作规程的管理规定如下：

1）企业应制定操作规程管理制度，明确操作规程编制、审查、批准、分发、使用、控制、修订及废止的程序和职责。

2）企业应按照供应商提供的安全技术规程和收集的安全生产信息、风险分析结果以及同类装置操作经验编制操作规程。操作人员应参与操作规程的编制、修订和审核工作。

（2）《关于加强化工过程安全管理的指导意见》（安监总管三〔2013〕88号）对操作规程安全管理提出的要求如下：

1）操作规程应及时反映安全生产信息、安全要求和注意事项的变化。企业每年要对操作规程的适应性和有效性进行确认，至少每3年要对操作规程进行审核、修订。当工艺技术、设备发生重大变更时，要及时审核、修订操作规程。

2）企业要确保作业现场始终存有最新版本的操作规程文本，以方便现场操作人员随时查用；定期开展操作规程培训和考核。

工艺卡片主要收录影响工艺运行安全的关键岗位关键控制参数。企业应根据生产特点编制工艺卡片，运行控制指标应符合工艺卡片列出的参数规定。工艺卡片的管理同操作规程一样，每年需要进行有效性审核。工艺卡片又与操作规程不同，工艺卡片中的工艺参数控制范围可以根据生产运行实际状况，在正确履行变更管理的基础上做临时调整，且可以多次调整。而操作规程仅需要每年审核调整一次即可，在年度调整时将经实际运行证明合理、安全的参数控制范围纳入规程中，以确保一致性。

（3）根据《化工企业工艺安全管理实施导则》（AQ/T 3034—2010）的规定，操作规程内容应至少包括：初始开车、正常操作、临时操作、应急操作、正常停车和紧急停车的操作步骤与安全要求；工艺参数的正常控制范围及报警、联锁值设置，偏离正常工况的后果及预防措施和步骤；操作过程的人身安全保障、职业健康注意事项等。操作规程具体内容如下：

1）使用的危险化学品的物理和化学性质。

2）岗位生产工艺流程及关键控制点。

3）主要设备一览表及主要设备操作、维护说明。

4）报警及联锁一览表，报警、联锁及其投用与操作。

5）初始开车、正常操作、临时操作、应急操作、正常停车、紧急停车等各个操作阶段的操作步骤。

6）正常工况控制范围、偏离正常工况的后果，以及纠正或防止偏离正常工况的步骤。

7）装置事故处理。

8）安全设施及其作用。

9）操作时的人身安全保障、职业健康注意事项等，如危险化学品的特性与危害、防止职业暴露的必要措施、发生身体接触或暴露后的处理措施等。

❓ 思考题

1. 技术负责人应如何督促操作负责人带动岗位员工在重大危险源场所实现安全操作？

2. 你所在企业在重大危险源场所可能涉及哪些高风险作业？目前已经在制度中落实的操作要求和重点注意事项有哪些？

3. 如何对照管理制度要求，落实自己本职工作中的技术管理措施？

第四节　重大危险源储运安全管理

一、危险化学品储存风险

1. 如何认识危险化学品仓储过程中的各类风险?

危险化学品在仓储过程中，除了具有化学品自身物理危险性、性质相互抵触的物品混存、超量储存等的危险因素之外，储存设备设施欠缺、安全设施保护失效、作业人员违章操作、仓储管理制度欠缺以及外部环境不良等均是重要的危险因素。综合来说，危险化学品仓储过程主要存在以下风险:

(1) 火灾爆炸的风险。产生这类风险的主要原因是性质相互抵触的物品混存、明火源控制不严、车辆不防爆、设备老化、未设置静电释放器、产品变质等。危险化学品由于储存时间较长导致保持剂或润湿剂流散、附近场所动火作业防护不到位、其他外界因素（雷电冲击、线路浪涌）等同样可能导致火灾爆炸。

(2) 危险化学品泄漏的风险。产生这类风险的主要原因是作业人员违反操作规程、储存规范，导致出现泄漏等。作业人员素质不高，缺乏严格、系统的培训，加之规章制度不落实、劳动纪律涣散，作业人员操作不当易造成包装损坏、物料泄漏等，导致危险化学品泄漏。

(3) 人员中毒的风险。产生这类风险的主要原因是作业人员对危险化学品的性质不了解，在作业过程中未采取个人防护措施，在接触有毒物质的过程中防护不到位，导致吸入、接触大量的有毒物质，最终导致中毒事故的发生。

(4) 人员灼伤的风险。产生这类风险的主要原因是储存过程中容器破损、装卸设备选型错误、装卸操作不当、作业人员防护装备不全等。

2. 危险化学品储罐储存有哪些风险？

危险化学品储罐作为化工企业重大危险源中一种常见、常用的储存设施，在工艺生产、储存过程中发挥着承上启下的作用。储罐中储存的物料量大，且多易燃易爆、有毒有害，如若发生火灾、爆炸、泄漏等，会造成重大人员伤亡和经济损失。因此，深入掌握化工企业重大危险源储罐的主要危险因素，制定具体的防范对策，意义重大。危险化学品储罐储存的风险主要有以下几个方面：

（1）储罐腐蚀泄漏的风险。产生这类风险的主要原因是储罐内外腐蚀，尤其是储罐底板腐蚀。储罐运行多年后便会出现不同程度的腐蚀渗漏情况。储罐腐蚀多由电化学腐蚀、化学腐蚀引起。合理选用储罐材质并做好电化学防护可以有效解决此类问题。

（2）储罐破裂的风险。在整个储运系统中，储罐破裂虽然不易发生，但一旦发生则会导致严重的安全事故。当储罐装满危险化学品之后，下部罐壁会受到比较大的压力（对于大型储罐来讲，其环向应力最大处在第一道环焊缝附近），所以罐壁下部容易发生储罐破裂事故。如果出现高液位下罐体突发性开裂情况，可能会冲毁防火堤，造成危险化学品外泄。如果失控的漫流易燃危险化学品遇点火源，则会引发大面积流淌火。储罐安装施工后进行全面检测，定期对焊缝、罐壁等进行测厚可以有效解决此类问题。

（3）储罐边缘板缝隙渗漏的风险。罐基础与储罐罐底边缘板之间一般会因密封不严产生缝隙，雨水、水汽经边缘板缝隙进入储罐易造成储罐底部腐蚀穿孔。针对边缘板缝隙实施防水密封处理，能有效地解决此类问题。

（4）拱顶罐储存过程中的风险如下：

1）储罐超压或由于产生负压造成罐体破裂发生泄漏的风险。可采取设置适当的呼吸阀或安全阀等，防止由于气温变化、环境变化、上下游工艺波动等造成超压或产生负压。

2）罐内产生爆炸性混合气体的风险。可采取在呼吸阀上装设阻火器、装设接地系统、控制物料流速等措施控制风险。

3）腐蚀等各种原因造成泄漏的风险。可设置拦（液）围堰，防止漏液流出扩散。针对腐蚀性液体以及液体中掺杂的腐蚀性物质，可用耐腐蚀性材料制作储罐壳体，或在储罐中做耐腐蚀衬里。为了防止罐底接触地面产生电化学腐蚀，可在储罐底板外侧涂防锈涂料，并在与罐底接触的基础上 10 mm 的范围内浸涂含硫量低的重油或沥青，减少腐蚀情况的出现。

（5）球罐储存过程中的风险如下：

1）气温上升造成球罐温度、压力升高的风险。可装设消防冷却装置、泄压装置控制风险。

2）装灌过量冒罐造成物料外泄的风险。可装设液位计和紧急切断阀等安全仪表系统控制此类风险。

3）由于发生火灾，储罐受热后温度上升，结构强度降低，导致储罐破损的风险。

（6）低温罐储存过程中的风险如下：

1）低温脆性造成储罐材质强度降低的风险。

2）储罐与基础连接的部分由于土壤中的水分冻结造成罐底拱起，或者由于基础的温差造成弯曲破坏的风险。

3）气温上升使罐中的内压上升，造成夹套壁罐内壁破损及泄漏的风险。

二、危险化学品库房储存管理

1. 危险化学品储存方式有哪些？基本管理要求有哪些？

（1）危险化学品储存方式主要有 3 种，分别是隔离储存、隔开储存、分离储存。应根据危险化学品性能分区、分类、分库储存。

1）隔离储存：在同一房间或同一区域内，不同的物料之间分开一定距离，非禁忌物料间用通道保持空间的储存方式。

2）隔开储存：在同一建筑或同一区域内，用隔板或墙将危险化学品与禁忌物料分离开的储存方式。

3）分离储存：在不同的建筑物或远离所有建筑的外部区域储存危险化学品的储存方式。

（2）危险化学品储存基本管理要求如下：

1）露天堆放危险化学品时，应符合防火、防爆的安全要求，爆炸物品、一级易燃物品、遇湿易燃物品、剧毒物品不得露天堆放。

2）储存危险化学品的仓库必须配备有专业知识的技术人员，仓库及场所应设专人管理，管理人员必须配备可靠的劳动防护用品。

3）储存的危险化学品应有明显的标志，标志应符合《危险货物包装标志》（GB 190—2009）的规定，同一区域储存两种或两种以上不同级别的危险化学品时，应按最高等级危险化学品的性能设置相关标志。

2. 危险化学品储存场所应符合哪些要求？

（1）储存危险化学品的建筑物不得有地下室或其他地下建筑，其耐火等级、层数、占地面积、安全疏散和防火间距等应符合国家有关规定，同时应考虑对周围环境和居民的影响。

（2）危险化学品储存建筑物、场所的消防用电设备应能充分满足消防用电的需要，储存场所应具备通风和温度调节条件，储存易燃易爆危险化学品的建筑物必须安装避雷设施。

（3）储存危险化学品的建筑物通排风系统应设有导除静电的接地装置。储存危险化学品的建筑物内采暖的热媒温度不得过高，热水采暖时应不超过 80 ℃，不得使用蒸汽采暖和机械采暖。采暖管道和设备的保温材料必须采用非燃烧材料。

3. 采用不同类别储存方式时对安全间距的要求有哪些？

危险化学品储存安排取决于危险化学品分类、分项、容器类型、储存方式和消防的要求。根据《常用化学危险品贮存通则》（GB 15603—1995），不同储存方式要求的安全间距见表 2-2。

在满足表 2-2 要求的同时，还必须注意如下要求：

（1）遇火、遇热、遇潮能引起燃烧、爆炸或发生化学反应、产生有毒气体的危险化学品不得露天或在潮湿、有积水的建筑物内储存。

（2）受日光照射能发生化学反应引起燃烧、爆炸、分解、化合或能产生有毒

表 2-2　　　　　　　　　不同储存方式要求的安全间距

储存要求	储存方式			
	露天储存	隔离储存	隔开储存	分离储存
平均单位面积储存量/（t/m²）	1.0~1.5	0.5	0.7	0.7
单一储存最大储量/t	2 000~2 400	200~300	200~300	400~600
垛距限制/m	2	0.3~0.5	0.3~0.5	0.3~0.5
通道宽度/m	4~6	1~2	1~2	5
墙距宽度/m	2	0.3~0.5	0.3~0.5	0.3~0.5
与禁忌品距离/m	10	不得同库储存	不得同库储存	7~10

气体的危险化学品应储存在一级建筑物中，其包装应采取避光措施。

（3）爆炸物品不准和其他类物品同库储存，必须单独隔离限量储存。

（4）压缩气体和液化气体必须与爆炸物品、氧化剂、易燃物品、自燃物品、腐蚀性物品隔离储存；易燃气体不得与助燃气体、剧毒气体同库储存；氧气不得与油脂混合储存；盛装液化气体的容器属于压力容器的，必须有压力表、安全阀、紧急切断装置，并定期检查，不得超装。

（5）易燃液体、遇湿易燃物品、易燃固体不得与氧化剂混合储存，具有还原性的氧化剂应单独存放。

（6）有毒物品应储存在阴凉、通风、干燥的场所，不要露天存放，不得接近酸类物质。

（7）腐蚀性物品包装必须严密，不允许泄漏，严禁与液化气体和其他物品共存。

4. 如何做好危险化学品入库养护工作？

（1）危险化学品入库时，应严格检验危险化学品质量、数量、包装情况，确保无泄漏。

（2）危险化学品入库后应采取适当的养护措施，在储存期内定期检查，发现其性状变化、包装破损、渗漏、稳定剂挥发缺少的，应及时处理。

（3）应根据化学品安全技术说明书的储存条件要求严格控制仓库温度、湿度、光照等，并建立定期巡检制度。

三、危险化学品输送、装卸管理

1. 危险化学品装卸环节有哪些安全管理要求?

（1）建立危险化学品装卸环节安全管理制度，明确作业前、作业中和作业结束后各个环节的安全要求；严格执行危险化学品发货和装载查验、登记、核准制度。

（2）建立和完善危险化学品装卸车操作规程，如装卸作业时应对接口连接可靠性进行确认，装卸车过程中应安排具备从业资格的装卸人员进行作业，严禁由驾驶人员直接代替装卸人员进行装卸，配备现场监护人员。

（3）定期检查装卸场所是否符合安全要求，安全管理措施是否落实到位，应急预案及应急措施是否完备，装卸人员、驾驶人员、押运人员是否具备从业资格，装卸人员是否经培训合格后上岗作业，危险化学品装卸车设施是否完好、功能是否完备。

（4）储罐切水作业、液化烃充装作业、安全风险较大的设备检维修等危险作业应制定相应的作业程序并在作业时严格执行。针对上述危险作业，应做好下几点：

1）液化烃罐区作业应实行"双人操作"，一人作业、一人监护。

2）液化烃球罐切水作业必须坚持"阀开不离人"，做到"不可靠不切水，无监护不切水"。

3）石油化工企业在生产装置停工期间，必须保障液化烃罐区安全运行所需要的仪表风、氮气、蒸汽等公用工程的稳定供应，相关安全设施必须完好、有效。

2. 危险化学品输送管道布置是如何规定的?

《危险化学品输送管道安全管理规定》对危险化学品输送管道布置的规定如下：

（1）禁止光气、氯气等剧毒气体化学品管道穿（跨）越公共区域。严格控制氨、硫化氢等其他有毒气体的危险化学品管道穿（跨）越公共区域。

（2）危险化学品管道建设的选线应当避开地震活动断层和容易发生洪灾、地质灾害的区域。

（3）危险化学品管道与居民区、学校等公共场所以及建筑物、构筑物、铁路、公路、电力设施的距离，应当符合有关法律、行政法规和国家标准、行业标准的规定。

3. 对危险化学品输送管道的安全管理要求有哪些？

液体物料输送管道安全管理应遵循几个原则：

（1）输料管道的材质一般应为钢质，安装应严格按照设计和工艺要求进行。管道相互间距、管道与建筑物间距均应符合有关规定。

（2）为了防止地上管道与相邻设施相互影响，地上管道应与有门窗、洞孔的建（构）筑物的墙壁保持不少于 3 m 的距离，与无门窗、洞孔的建（构）筑物的墙壁保持 1 m 以上的距离。

（3）地上管道应架设在不燃材料支撑的支架上，其保温层应由不燃物质（如玻璃棉、石棉泥、蛭石）组成。地下敷设管道的管沟用耐火材料砌筑，管沟内每隔一定距离砌筑一道土坝（但要注意排水），厚度可根据实际情况确定。

（4）多条管道平行敷设时，其间距应不小于 10 cm。蒸汽管道不得与输送轻质物料的管道平行敷设。

（5）地下管道与电缆线相交时，管道应设在电缆线下边不小于 1 m 的深度；与下水道相交时，管道应设在下水道下边 1.5 m 的深度。

（6）地下和明沟敷设的管道应按设计要求装配伸缩器。输送轻质物料的管道与罐阀门结合处应装设防胀管接通罐顶，以防止液体膨胀后压力上升导致管道破裂。由于温度上升，液体膨胀而引起管道压力上升，因此，连接液体物料输送管道的法兰应按设计要求制作，不得随意用较薄的钢板割制。管道每隔 200 m 应接地一处，其接地电阻应不大于 10 Ω。

（7）地下管道经过的地面上方禁止堆积各种物料。

（8）应定期对输料管道进行耐压试验，试验压力应为工作压力的 1.5 倍，以衡量输料管道是否能够承受规定的压力。

❓ 思考题

　　1. 结合你所在企业情况，查看库房内危险化学品各类间距是否满足储存要求。

　　2. 如何落实各类危险化学品重大危险源储罐风险防控工作?

　　3. 如何落实危险化学品装卸环节的安全措施?

第五节　重大危险源风险分级管控

一、风险分级

1. 风险的分级与管控层级是如何具体要求的?

　　依据国务院安委会办公室《关于实施遏制重特大事故工作指南构建双重预防机制的意见》(安委办〔2016〕11号)的要求，一般将安全风险等级从高到低划分为重大风险、较大风险、一般风险和低风险，分别用红、橙、黄、蓝4种颜色标示。在实际工作中，不同的地区或企业又分别对风险进行了数字化分级，即一级风险(重大风险)、二级风险(较大风险)、三级风险(一般风险)、四级风险(低风险)，也可以用Ⅰ、Ⅱ、Ⅲ、Ⅳ或1、2、3、4级来表示。

　　重大风险、较大风险、一般风险和低风险的管控层级分别对应的是公司(厂)级、部门级、车间(分厂)级、班组级。相应的管控责任人应是相应管控层级单位的负责人，即公司(厂)领导、部门负责人、车间(分厂)负责人、班组长等。风险分级管控要求示例见表2-3。

表 2-3   风险分级管控要求示例

风险等级	Ⅰ级	Ⅱ级	Ⅲ级	Ⅳ级
管控层级	公司（厂）级	部门级	车间（分厂）级	班组级
责任单位	××公司（厂）	××部门	××车间（分厂）	××班组
管控责任人	公司（厂）领导	部门负责人（正副职）	车间（分厂）负责人（正副职）	班组长（正副职及组员）

2. 重大危险源风险是如何分类管理的？

重大危险源风险一般分为两类：原始风险与现有风险。原始风险可以理解为风险点（单元、设备设施、作业活动等）因其固有危险性（涉及危险物质或能量或其他情况）而潜在的风险，或者理解为在不考虑现有管控措施而只考虑固有危险性的情况下，风险点可能潜在的风险。现有风险是风险点在现有风险管控措施的基础上仍然潜在的风险。现有风险的大小是随着隐患的产生与治理而动态变化的。

原始风险在有关资料中又称为固有风险、初始风险、裸风险等，现有风险在有关资料中又称为剩余风险、残余风险等。"企业重大危险源在正常情况不能存在重大或较大风险，即使在某一时段存在重大或较大风险，也应及时采取风险消减措施，将重大或较大风险降低为一般风险或低风险"，这一表述中的"重大风险"指的是现有风险。"构成了危险化学品重大危险源、涉及重点监管危险化工工艺的企业，必然存在重大或较大风险"，这一表述中"重大风险"指的是原始风险。对于重大危险源来讲，要同时评价其原始风险和现有风险。

3. 对重大危险源两类风险的评价方法有什么不同？

原始风险与现有风险的评价方法是不同的。如果把这两类风险的评价方法混淆在一起，则会严重影响风险分级管控的结果和效果。

对于原始风险，其评价方法主要是直接判定法。直接判定法相对较简单，通过制定判定标准，按标准对各单元直接判定风险等级。这里要注意，直接判定的原始风险是针对单元的，不是针对具体设备设施的。原始风险的判定标准不是唯一的，企业可以结合本企业的实际情况及本地区要求，制定适用的判定标准。原始风险也可以通过 JHA（工作危害分析法）和 SCL（安全检查表法）评价，即在同一个 JHA 或 SCL 分析表中，先进行原始风险评价，在考虑了现有管控措施后，再进行现有风险评价。

现有风险一般常用的评价方法是 JHA+LS（风险评价矩阵法）、SCL+LS，也有采用 JHA+LEC（作业条件危险性评价法）、SCL+LEC，这是目前较为通用的方法。JHA 主要针对重大危险源作业活动来辨识危险源和评价风险大小，SCL 主要针对重大危险源设备设施来辨识危险源和评价风险大小。在同一个企业，一般只采用 LS 或 LEC 其中一个评价方法。

4. 开展 JHA 时，如何准确列出重大危险源的作业活动清单？

重大危险源的作业活动可分为 4 类：工艺操作，如开车前的准备及检查确认、液氯气化、加氢、停车、液氯装车/卸车、取样等；异常操作，如关键设备故障处置（压缩机跳车处置等）、公用工程异常处置［DCS（集中分散控制系统）黑屏处置，停水、电、汽、气处置等］；检维修作业，如特殊作业、动静设备及电仪设备的检修、催化剂的更换等；管理活动，如巡检、交接班、安全检查、变更管理、应急演练等。易出现问题的作业活动是工艺操作和异常操作。

有两种方法可列出作业活动清单，一是参考操作规程中的生产装置流程描述，工艺流程中的每一个工序就是一个作业活动；二是参考生产装置的工艺流程框图（即最简单的流程方框图），图中的每一步即为一个作业活动。图 2-2 是某企业硝化工艺流程框图，该单元的工艺操作可划分为硝化、水洗 1、碱洗、水洗 2、乳化、DNT（二硝基甲苯）储存、硝烟吸收、废酸浓缩、成品酸储存几部分。如果其中某个工序相对较复杂，还可以再细分为几个工艺操作。按照流程框图，可以准确、无遗漏地列出作业活动清单。

5. 开展 JHA 时，如何准确辨识危险源？

危险源的定义是可能造成人员伤亡、疾病、财产损失、工作环境破坏的根源或（和）状态（或行为）。"根源"是指可能发生意外释放的能量（能源或能量载体）或危险物质，比如高温、高压、液化烃等。"状态"是指导致能量或危险物质的管控措施破坏或失效的各种因素，包括人的不安全行为、物的不安全状态、环境因素等。

危险化学品重大危险源技术负责人工伤预防知识

78

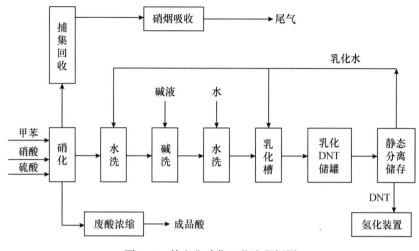

图 2-2　某企业硝化工艺流程框图

结合"隐患"的定义，可以简单理解为危险源的"状态"即为"隐患"，即"根源"的管控措施存在缺失、缺陷的情况。危险源辨识，就是要辨识风险点的"根源"：有哪些危险物质与能量，辨识"根源"的管控措施是否存在隐患。

对危险源辨识的描述，要将"根源""状态"都尽可能全面地描述出来。举例：

（1）甲醇易燃，如果法兰垫片损坏，可能会导致甲醇泄漏并引发火灾。

（2）如果高处作业不规范使用安全带，可能会发生人员高处坠落。

（3）如果汽包液位过低，不能及时为反应釜降温，可能会导致反应釜飞温，造成催化剂燃烧，甚至反应釜爆炸。

注意：描述不要停留在某种现象（如造成飞温、压力升高）上，要进一步描述可能导致的事故。对于高毒、易燃介质，不要停留在泄漏中间事件上，要进一步描述可能导致的中毒、火灾爆炸等事故。

要准确描述不可接受风险的"危险源辨识"。不可接受风险是指现有安全管控措施存在隐患时，评价出的重大或较大风险。如果确实评价为不可接受风险，则要注意在填写 JHA 表的"危险源辨识"栏或 SCL 表的"偏离标准的风险"栏时，应准确描述出存在的现实隐患及可能引发的事故。

因此，在进行危险源辨识描述时，最好表述一致："由于××有××危险特性，如果存在××行为或状态，可能导致××事故。"句中的"如果"和"可能"应保持一致，确保逻辑的严谨性。

6. 开展 SCL 时，如何准确列出设备设施清单？

要准确列出设备设施清单，可以从以下几个角度考虑：

（1）设备设施清单不同于设备台账。设备设施清单可以适当地合并。例如，一个车间或一个单元中型号相同、涉及介质相同、操作条件相同或相近的设备设施可以合并，以减少不必要的重复工作，但应注意不可过度合并，避免因过度合并遗漏待分析对象。但应注意，把一个车间中的设备设施简单地分为塔、储罐、反应器、泵等几种类型，每一种类型包含若干台设备，而相应的安全检查表中只是针对设备类型进行分析，而不是针对具体的设备设施，这样会由于错误的合并导致分析结果无任何意义。

（2）企业非生产部门应关注的内容。设备设施清单重点是针对生产车间的，电气、仪表、分析化验等设备设施清单相对要简单得多。照明灯、压力变送器、温度计等电气仪表设备可不必作为单独的设备对待，应视为主设备的附属安全设施。电气专业的设备设施可重点关注配电柜、变压器、发电机、UPS（不间断电源）、通信系统、网络系统、变配电室、外部供电线路等。仪表专业的设备设施可重点关注机柜、DCS/SIS 操作站、机柜间、分析小屋等。分析化验专业的设备设施可重点关注色谱仪等重要、大型的分析仪器、分析化验室、分析试剂仓库、气瓶室等。

7. 在进行 JHA 和 SCL 辨识过程中，应重点关注什么风险？

在进行 JHA 和 SCL 辨识过程中，应重点关注过程风险。

风险可分为作业风险与过程风险。所谓作业风险，简单来说就是人员到生产现场从事各类作业过程中可能潜在的风险，比如巡检、取样、检维修作业（含特殊作业）等过程中可能潜在的风险。而过程风险结合了过程安全管理，即生产工艺过程中可能潜在的风险，主要是指生产装置在正常的生产操作过程中，因为人员操作失误或其他原因导致工艺参数严重偏离指标可能带来的风险。作业风险属于浅表层的风险，一般情况下，发生概率相对较高，但后果严重程度不会很高。

而过程风险则相反，属于相对深层次的风险，一般情况下，发生概率相对较低，但一旦发生，其后果严重程度可能会很高，甚至有可能造成非常恶劣的影响。

随着时代的发展，安全生产管理的重点已经逐渐由作业风险向过程风险转变，重点管控大风险、预防大事故。所以在运用 JHA/SCL 进行风险分析评价时，切勿只关注常规的作业风险，而忽视了事故后果更严重的过程风险。尤其是在分析涉及"两重点一重大"的有关工艺操作活动和关键设备时，应重点分析在某些情况下可能会引发的深层次的过程风险。

8. 在进行 JHA 和 SCL 辨识过程中，如何准确列出现有管控措施？

现有管控措施应分类列出。填写现有管控措施的过程，就是对现有管控措施是否全面进行排查的过程。现有管控措施一般分为以下 4 类：

（1）工程技术管控措施，具体如下：

1）关键设备部件，包括关键报警联锁（应描述出回路编号及条件和动作）、氮封系统、储罐专用喷淋系统等。

2）安全附件，包括安全阀、爆破片、温度计、压力表、流量计等。

3）关键工艺控制。列出主要设备的关键工艺控制指标。

4）安全仪表。列出关键设备的 DCS、SIS 联锁以及单元设置的可燃有毒气体检测报警器种类和数量。

（2）维护保养管控措施。该类措施是指对动设备和静设备的日常维护保养和检修，主要包括大型机组的定期振动监测、定期更换润滑油脂、定期检查，常压储罐的年度检查、检测、测厚等。

（3）人员操作管控措施。该类措施包括人员资质和培训取证，如特种作业人员、特种设备作业人员培训取证；操作记录，如岗位操作人员应该建立操作记录和交接班记录等。

（4）应急措施，具体如下：

1）应急设施。应列出可能涉及的所有应急设施，包括空气呼吸器以及急救箱等。

2）个体防护。应列出操作人员应严格佩戴的个人劳动防护用品，一般不再重复列出常规用品（如安全帽、工作服）。

3）消防设施，包括可能涉及的消防栓、消防炮、泡沫灭火系统、灭火器、火焰探测器等。

4）应急预案。重点列出岗位可能涉及的现场处置方案，并明确具体的名称，同时也可将预案演练情况列出等。

填写现有管控措施时应注意，各类措施一定要与前面辨识出的事故相对应。比如，辨识出的事故是火灾爆炸，管控措施就是预防火灾爆炸和消减事故影响的措施。辨识出的事故是人员中毒，则个体防护措施可以填写佩戴防毒面具、空气呼吸器等。

管控措施应是具体的，不可大而全、千篇一律，一定要有针对性，否则将失去检查现有管控措施是否全面的意义。各类现有管控措施不一定要全部填写，确实没有对应类别的管控措施，则不用填写。

9. 重大危险源的原始风险与现有风险如何公示？

一般情况下，企业进行风险公示的方式主要是绘制风险分布图和设置风险公示牌。

（1）风险分布图。风险分布图分公司级、车间级两级公示。在公司、车间总平面布置图上，将各单元按风险的等级标注相应的颜色。

风险分布图包括原始风险红、橙、黄、蓝四色分布图和现有风险黄、蓝两色分布图。目前，大部分企业只公示原始风险红、橙、黄、蓝四色分布图，而没有公示现有风险黄、蓝两色分布图。同时公示原始风险和现有风险分布图，能清楚地展示原始风险及现有风险情况。需要强调的是，凡是红、橙、黄、蓝四色分布图，一定是针对原始风险的。

目前还有部分地区要求企业公示作业活动比较柱状图，即针对企业或车间作业活动风险相对较高的某些作业活动制作柱状图，以展示各作业活动的风险大小。也可做多层生产装置的立体风险分布图，即对生产装置各楼层的不同区域分别编制红、橙、黄、蓝四色分布图，形成立体图。立体风险分布图效果明显，但在实际工作中开展时有较大的难度，是否绘制风险分布立体图应结合实际情况分析。

（2）风险公示牌。在重大危险源单元出入口外侧的醒目位置，设置该单元的风险公示牌，公示牌的内容主要有单元名称、重大危险源等级、风险种类和等级、潜在的事故、主要的风险管控措施、管控责任人、应急通信方式等。风险公示牌一般情况下也仅针对原始风险。

10. 对 LS 是如何具体要求的？

风险计算公式采用式 2-1 计算。

$$R = L \times S \qquad (2-1)$$

式中　L——发生事故的可能性，取值详见表2-4；

　　　S——发生事故的严重性，取值详见表2-5；

　　　R——风险。

风险评价矩阵详见表2-6。

表2-4　　　　　　　　　发生事故的可能性（L）

可能性	事件发生频率 F		安全检查频率	操作规程执行情况	员工胜任程度（意识、技能、经验）
8	$F \geq 1$	在生产过程中通常发生（至少每年发生）	从来没有检查	没有操作规程	不胜任（无任何培训，意识不够，缺乏经验）
7	$1 > F \geq 10^{-1}$	可能在装置的使用寿命中发生多次	一年检查一次	操作规程不全面	不完全胜任
6	$10^{-1} > F \geq 10^{-2}$	可能在装置的使用寿命中发生一次或者两次	偶尔检查	有，但不执行	一般胜任
5	$10^{-2} > F \geq 10^{-3}$	类似的事件已经发生，或者可能在10个类似装置的使用寿命中发生	月检	有，但偶尔执行	基本胜任
4	$10^{-3} > F \geq 10^{-4}$	类似的事件曾经在企业的某些地方发生	半月检	有操作规程，只是部分执行	胜任，但偶然出差错
3	$10^{-4} > F \geq 10^{-5}$	类似的事件曾经在行业的某些地方发生	周检	有，偶尔不执行	胜任

续表

可能性	事件发生频率 F		安全检查频率	操作规程执行情况	员工胜任程度（意识、技能、经验）
2	$10^{-5}>F\geqslant10^{-6}$	类似的事件还没有在行业中发生	日检	有，全部执行	很好地胜任
1	$F<10^{-6}$	类似的事件还没有在行业中发生并且发生的可能性极小	每小时巡检	有操作规程，而且严格执行	高度胜任（培训充分，经验丰富，意识强）

表2-5　　　　　　　　　发生事故的严重性（S）

严重性	健康和安全	社会影响	财务性影响
8	特别重大的灾难性安全事故，将导致企业界区内或界区外大量人员伤亡：①界区内30人及以上死亡，100人及以上重伤（包括急性工业中毒，下同）②界区外10人及以上死亡，50人及以上重伤	①引起国家领导人关注，或国务院、相关部委领导作出批示②导致吊销国内外主要市场的生产、销售或经营许可证③引起国内外主要市场上公众或投资人的强烈愤慨或谴责	事故直接经济损失达1亿元以上
7	非常重大的安全事故，将导致企业界区内或界区外多人伤亡：①界区内10人及以上、30人以下死亡，50人及以上、100人以下重伤②界区外3~9人死亡，10人及以上、50人以下重伤	①导致国家相关部门采取强制性措施②在全国范围内造成严重的社会影响③引起国内外媒体重点跟踪报道或系列报道	事故直接经济损失在5 000万元以上、1亿元以下
6	严重的安全事故：①界区内3~9人死亡，10人及以上、50人以下重伤②界区外1~2人死亡，3~9人重伤	①引起国内外媒体长期负面报道②在省级范围内造成不利社会影响③导致省级政府相关部门采取强制性措施④导致失去当地市场的生产、经营和销售许可证	①事故直接经济损失在1 000万元以上、5 000万元以下②发生失控的火灾或爆炸

续表

严重性	健康和安全	社会影响	财务性影响
5	较大的安全事故，导致人员死亡或重伤：①界区内1~2人死亡，3~9人重伤 ②界区外1~2人重伤	①导致地方政府相关监管部门采取强制性措施 ②引起国内外媒体的短期负面报道	①直接经济损失在100万元以上、1 000万元以下 ②发生局部区域的火灾或爆炸
4	较大影响的健康/安全事故：①3人以上轻伤，1~2人重伤 ②暴露超标，带来长期健康影响或造成职业相关的严重疾病	存在合规性问题，不会造成严重的安全后果或不会导致地方政府相关监管部门采取强制性措施	直接经济损失在50万元及以上、100万元以下
3	中等影响的健康/安全事故：①因事故伤害损失工作日 ②1~2人轻伤	①引起当地媒体的长期报道 ②在当地造成不利的社会影响。对当地公共设施的日常运行造成严重干扰（如导致某道路较长时间无法正常通行）③损害与有重大利益相关方的关系	直接经济损失在10万元以上、50万元以下
2	轻微影响的健康/安全事故：医疗处理，但不需住院，不会因事故伤害损失工作日	①引起当地媒体的短期报道 ②对当地公共设施的日常运行造成干扰（如导致某道路在24小时内无法正常通行）	直接经济损失在2万元以上、10万元以下
1	微小影响的健康/安全事故：①急救处理（不用处方药，除预防性处方药外）②短时间暴露超标，引起身体不适，但不会造成长期健康影响	引起周围社区少数居民短期内不满、抱怨或投诉（如抱怨设施噪声超标）	事故直接经济损失在2万元以下

注：此表还可以考虑企业生产装置运行影响，即是否会影响生产装置调整负荷、停车、停产等。

表2-6 　　　　　　　风险评价矩阵

可能性	严重性							
	1	2	3	4	5	6	7	8
1	1	2	3	4	5	6	7	8
2	2	4	6	8	10	12	14	16
3	3	6	9	12	15	18	21	24
4	4	8	12	16	20	24	28	32

可能性	严重性							
	1	2	3	4	5	6	7	8
5	5	10	15	20	25	30	35	40
6	6	12	18	24	30	36	42	48
7	7	14	21	28	35	42	49	56
8	8	16	24	32	40	48	56	64

11. 对 LEC 是如何具体要求的?

LEC 也是一种常用的风险评价方法。风险值采用式 2-2 计算。

$$D = L \times E \times C \tag{2-2}$$

式中　L——发生事故的可能性，取值详见表 2-7；

　　　E——人员暴露在危险环境中的频繁程度，取值详见表 2-8；

　　　C——事故后果的严重程度，取值详见表 2-9；

　　　D——风险，风险分级详见表 2-10。

表 2-7　　　　　　　　发生事故的可能性（L)

分数值	发生事故的可能性
10	完全可以预料
6	相当可能
3	可能，但不经常
1	可能性小，完全意外
0.5	很不可能，可以设想
0.2	极不可能
0.1	实际不可能

表 2-8　　　　　人员暴露在危险环境中的频繁程度（E)

分数值	人员暴露在危险环境中的频繁程度
10	8 h 内连续暴露
6	8 h 内暴露 1~4 h
3	每周一次暴露（1~4 h）
2	每月一次暴露（1~4 h）
1	每年几次暴露（1~4 h）
0.5	非常罕见暴露

表 2-9 事故后果的严重程度（C）

分数值	事故后果的严重程度
100	10 人及以上死亡
40	3~9 人死亡
15	1~2 人死亡
7	严重
3	重大，造成人员伤残
1	引人注意

表 2-10 风险分级（D）

D 值	风险等级
>320	重大风险
160~320	较大风险
70~160	一般风险
<70	低风险

12. 对危险与可操作性分析（HAZOP）是如何具体要求的？

HAZOP 是由英国帝国化学工业集团于 20 世纪 70 年代早期提出的。它主要用于探明生产装置和工艺过程中的危险及其原因，寻求必要对策。通过分析生产运行过程中工艺状态参数的变动、操作控制中可能出现的偏差，以及这些变动与偏差对系统的影响及可能导致的后果，找出出现变动与偏差的原因，明确装置或系统内及生产过程中存在的主要危险、危害因素，并针对变动与偏差的后果提出应采取的措施。HAZOP 以其在杜绝、减少事故的发生，降低事故损失及事故原因分析等方面发挥的积极重要作用，被公认为是可极大提高企业生产安全性、可靠性的一种安全评价方法。欧美部分国家还将 HAZOP 列为强制性国家标准。

HAZOP 分析实施过程可以分为 3 个主要阶段。

（1）分析准备，主要包括以下内容：

1）确定分析目的、对象和范围。确定分析目的、对象和范围极其关键，必须尽可能地清楚。分析对象通常由该装置和项目的负责人确定，并得到 HAZOP 分析小组组长的帮助。应当按照正确的方向和既定目标开展分析工作，而且要确定着重考虑的后果。

2）确定 HAZOP 分析小组组长。HAZOP 分析小组组长应担负的职责包括小组成员的挑选，工作计划的制订，确保 HAZOP 分析有序、高效地进行，有序开展报告的审查、整改措施的确认等。

3）获取必要的资料。这是进行分析的前提。最重要的资料就是各种图样，包括工艺流程图（PFD）、工艺管道和仪表流程图（P&ID）、平面布置图等，此外还包括操作规程、仪表控制图、逻辑图。图样和数据应在分析会议之前分发到每个分析人员手中。

4）挑选 HAZOP 分析小组成员。HAZOP 分析小组成员的知识、技术与经验对确保分析结果的可信度和深度至关重要，这就要求分析小组的组长应当负责组建有适当人数且有经验的 HAZOP 分析小组。一般来说，HAZOP 分析小组应包括以下几方面的人员：分析主席（分析组长）、工艺工程师、设备工程师、安全工程师、操作主管、仪表控制工程师、设计工程师、消防工程师、记录人员等。

5）确定分析程序。根据分析的不同目的，HAZOP 分析的内容可能会有所差别，HAZOP 分析小组组长在分析准备阶段可以初步确定分析节点并提出初步的偏离目录，准备一份分析表格做会议记录用。

6）安排会议。一旦前期准备工作基本完成，HAZOP 分析小组组长就负责组织会议，合理制订会议计划，估算整个过程所需的时间，安排会议的次数和时间。

（2）召开分析会议。准备工作完成后，即可召开 HAZOP 会议进行分析。为了有逻辑地、有效地进行 HAZOP 分析，要将 P&ID 按照逐个设备、管道或操作划分为分析节点，对于每个节点逐项分析，并由会议记录人员记录。记录人员将分析讨论过程中所有重要的内容精确记录在事先设计好的工作表内。

（3）编制分析报告。HAZOP 分析会后，对会议记录结果进行整理、汇总，提炼出恰当的结果，形成 HAZOP 分析报告。

HAZOP 分析完成后，企业应对 HAZOP 报告中提出的建议和措施认真组织研究讨论，制定整改方案，及时予以落实整改；对于不予采纳的建议，应给出合理说明并记录。

13. JHA 是如何实施的?

JHA 是对作业活动各个步骤进行风险分析,明确现有安全管控措施,通过风险评价准则评价采取现有安全管控措施前后的风险等级,同时提出改进措施,以达到控制风险、减少和杜绝事故的目的。

此方法适用于有人员参与的各类作业活动的风险分析。JHA 工作程序如下:

(1) 列出作业活动清单。企业应对每一个评价对象,分别列出所有人员(含承包商)可能涉及的作业活动,形成作业活动清单。作业活动可分为 4 类:工艺操作、异常操作、检维修作业、管理活动。

(2) 依据作业活动清单,对所有作业活动进行危害分析,编制工作危害分析表。

1) 把作业活动划分为若干个工作步骤,即首先做什么、其次做什么。

2) 危险源辨识。辨识每一个工作步骤中存在的危险源及可能导致的事故。

3) 列举主要后果,即危险源可能导致的事故造成的主要后果。

4) 列出现有管控措施。要把每一个工作步骤可能潜在风险的相关现有安全管控措施全部列出,主要应从 4 个方面考虑,即工程技术、维护保养、人员操作、应急措施。

5) 风险评价。依据风险评价准则,分析每一个工作步骤可能导致事故的可能性及严重程度,最终确定原始风险和现有风险值及风险等级。

6) 提出增补措施,即提出增加的、补充的措施。如果现有安全管控措施有缺失或缺陷(即存在了隐患),构成了不可接受风险,则应提出改进性的、完善性的措施,即隐患治理措施。增补措施应从工程技术、管理、培训教育、个体防护、应急 5 个方面考虑。

14. SCL 是如何实施的?

SCL 是将设备设施等列出待检查项目,针对检查项目偏离标准后可能带来的风险进行分析,明确现有安全管控措施,通过风险评价准则评价风险等级,同时提出改进措施,以达到控制风险、减少和杜绝事故的目的。

该方法主要适用于厂址、周边环境、设备设施等静态的物的风险分析。SCL

工作程序如下：

（1）列出评价对象的设备设施清单。参考生产装置的设备台账，列出评价单元中设备设施清单。设备设施可分为 11 类：炉类、塔类、反应器类、储罐及容器类、冷换设备类、通用机械类、动力类、化工机械类、起重运输类、其他设备类、建（构）筑物类。

（2）对清单中所有设备设施进行危害分析，编制安全检查表。

1）列出设备设施的检查项目，即列出设备设施的本体主要组成部件和附属安全设施。

2）明确设备设施检查项目的标准，即明确设备设施本体主要组成部件和附属安全设施的正常状态等。

3）分析检查项目偏离正常状态后潜在的风险。

4）列举主要后果，即危险源可能导致的事故造成的主要后果。

5）列出现有管控措施。要把每一个工作步骤可能潜在风险的相关现有安全管控措施全部列出，主要从 4 个方面考虑，即工程技术、维护保养、人员操作、应急措施。

6）风险评价。依据风险评价准则，分析每一个工作步骤可能导致事故的可能性及严重程度，最终确定原始风险和现有风险值及风险等级。

7）提出增补措施，即提出增加的、补充的措施。如果现有安全管控措施有缺失或缺陷（即存在了隐患），构成了不可接受风险，则应提出改进性的、完善性的措施，即隐患治理措施。增补措施应从工程技术、管理、培训教育、个体防护、应急 5 个方面考虑。

15. 重大危险源原始风险是如何确定的？

重大危险源原始风险一般采用直接判定法，即结合重大危险源的固有危险性，直接得出其原始风险等级。判定准则如下：

（1）以下评价对象的风险直接确定为重大风险：

1）构成一、二级危险化学品重大危险源的生产、储存单元。

2）同一作业单元内操作人员（仅指正常操作人员，不含检修时作业人员）

为 10 人以上，且具有火灾、爆炸、有毒危险介质的厂房。

3）企业或同行业 5 年内曾经发生过死亡事故的单元。

（2）以下评价对象直接确定为较大风险：

1）构成三、四级危险化学品重大危险源的生产、储存单元。

2）涉及重点监管危险化工工艺的生产单元。

3）同一区域内当班岗位操作人员（仅指正常操作人员，不含检修作业人员）为 5~9 人，且具有火灾、爆炸、有毒危险介质的单元。

4）相对独立的具有易燃、易爆、有毒性质的危险化学品的装卸区。

5）企业或同行业 5 年内曾经发生过重伤、职业病、较大及以上非死亡事故的单元。

（3）以下评价对象直接确定为一般风险：

1）其他生产、使用、储存危险化学品的生产、储存单元。

2）一旦失电将造成企业生产系统全部或局部停车，会引起事故的变配电站。

（4）以下评价对象直接确定为低风险：企业厂区范围内除上述区域以外的其他与生产有关的单元，如控制楼、循环水泵房、消防泵房、消防水池、冷冻站、空压站等。

需要注意的是，生活、办公用场所不参与原始风险的判定，或将其判定为低风险。企业可根据本单位实际情况，制定适用的原始风险判定标准。

二、风险管控

1. 什么是不可接受风险？什么情况下才会评价出不可接受风险？

现有风险中的重大、较大风险，都称为不可接受风险。对于不可接受风险，应采取风险消减措施来降低风险，使其变为一般风险或低风险。

不可接受风险仅仅针对现有风险，原始风险没有可接受与不可接受之说。只有通过 HAZOP、JHA 及 SCL 等方法评价出的现有风险才有不可接受风险。

HAZOP、JHA 及 SCL 的工作思路基本上是一致的，只有当风险点的现有管控措施有缺失或缺陷、存在事故隐患时，才有可能构成较大或重大风险，也就是不可接受风险。

2. 重大危险源的现有风险如何管控？

不同等级的现有风险，其管控方式不同。对于重大风险，应立即停止作业或采取措施（即隐患治理措施）降低风险。对于较大风险，原则上应立即采取措施降低风险，如果条件不具备，可以限期进行整改。对于一般风险，应尽可能降低风险，如果具备条件，可以再从管理和工程技术方面采取新的措施，以进一步降低风险。对于低风险，可以维持现状。

现有各级风险管控方式见表 2-11。

表 2-11　　　　　　　　　　　现有各级风险管控方式

风险等级		应采取的行动/控制措施
Ⅰ级	重大风险	停止作业或生产，立即采取措施降低风险
Ⅱ级	较大风险	立即采取措施降低风险，或建立运行控制程序或方案，定期检查、评估，待具备条件时（3~6个月）采取措施降低风险
Ⅲ级	一般风险	每年评审、修订管理制度、操作规程及应急预案，尽可能采取改进措施
Ⅳ级	低风险	考虑是否需要补充建立操作规程、作业指导书，或无须采用新的控制措施

对于重大危险源现有风险中的重大、较大风险，应采取措施以消减风险。风险消减措施应从措施的可行性、安全性和可靠性方面进行考虑。可行性主要是从措施的实施成本、周期、是否需要停车处理等方面做出全面的判断；安全性主要考虑措施的制定是否能提高风险点的安全性能，或者是否会对原有其他设备设施带来不利影响等；可靠性主要考虑措施实施后，能否从根本上把风险降低到可接受的程度。

3. 重大危险源的原始风险如何管控？

除了一些重大变更外，一般情况下风险点的固有危险性是难以改变的，即原始风险等级是不会变化的。对于原始风险，要采用日常运行控制的方式进行管控，即在日常工作中，确保风险点的各种管控措施随时处于完好的状态。管控的具体内容包括对设备设施及安全附件、安全设施的定期检验、检查，管理制度、操作规程的及时更新及培训，个体防护，应急管理等。

各级原始风险的管控方式是相同的，但不同等级的风险，其管控人员及频次是不同的。根据企业的风险分级管控要求，由不同层级的人员采用不同的频次对不同等级的风险进行管控。将风险分公司（厂）级、部门级、车间（分厂）级、班组级4级管控，也是区分原始风险和现有风险的一个方法。

❓ 思考题

　　1. 结合本节内容，重新核实你所在企业风险分级管控中风险划分是否合理？

　　2. 在你所在企业涉及的一般风险中，分别使用了哪些风险分析方法？

第六节　重大危险源隐患排查治理

一、隐患排查

1. 隐患排查的形式有哪些？

　　化工企业开展安全风险隐患排查是加强风险管控、防范重特大事故发生的基础性工作。隐患排查要体现全过程、全方位、全员参与的原则，既考虑以往曾经发生过事故的部位、场所是否旧患又出，又要考虑当前各重大危险源部位现状是否安全，还要考虑某些部位未来是否存在发生事故的不确定性。因此，企业的隐患排查工作应以多种方式开展。

　　《危险化学品企业安全风险隐患排查治理导则》明确了隐患排查的形式，主要包括日常排查、综合性排查、专业性排查、季节性排查、重点时段及节假日前排查、事故类比排查、复产复工前排查和外聘专家诊断式排查等，其中季节性排查、重点时段及节假日前排查、事故类比排查、复产复工前排查和外聘专家诊断式排查等可以以专项检查形式开展。

2. 季节性隐患排查的重点是什么？

季节性隐患排查是指根据各季节特点开展的专项检查。

春季天干物燥，容易产生静电积聚，尤其是针对设备、管架基础出现垮塌的部位，应检查静电跨接、防雷接地线等是否遭到破坏。对化工企业而言，春季隐患排查应以防雷、防静电、防解冻泄漏、防解冻坍塌为重点。

夏季气温高、暴雨天气增多，沿海地区还会进入台风季节。露天设备在阳光暴晒下可能造成内部物料超温，室内设备也可能因通风不良造成温度升高。室外作业人员可能出现高温中暑，影响安全生产。洪水倒灌进入存有忌水危险化学品的库房也会引发事故。因此，夏季隐患排查应以防雷暴、防设备容器超温超压、防台风、防洪、防暑降温为重点。

秋季介于夏、冬两季之间，初秋保持夏季气候特征，而深秋则接近冬季气候。因此，秋季隐患排查既要兼顾夏季的气候特点，又要做好应对严冬到来的准备。秋季隐患排查仍应以防雷暴、防火、防静电、防凝保温为重点，并根据初秋、深秋时段的不同特点有所侧重。

冬季隐患排查应以防火、防爆、防雪、防冻防凝、防滑、防静电为重点。尤其是北方企业，室外仪器仪表凝冻失真而导致的事故时有发生，因此应高度重视室外仪表的防冻防凝工作。同时，厂区道路的防滑工作也不容忽视，道路湿滑可能造成作业人员跌伤。

重大危险源技术负责人应根据各季节特点，重点围绕重大危险源设备设施、仪器仪表的安全运行组织开展针对性检查。

3. 综合性隐患排查的重点是什么？

《危险化学品企业安全风险隐患排查治理导则》明确了综合性隐患排查是指以全员安全生产责任制、各项专业管理制度、安全生产管理制度和化工过程安全管理各要素落实情况为重点开展的全面检查。全员安全生产责任制落实情况的排查重点是各管理部门的安全生产责任制落实情况，如是否定期开展考核，责任范围是否做到全覆盖；各项专业管理制度、安全生产管理制度的检查重点是制度的执行情况，如是否存在制度与执行"两张皮"的现象，是否存在制度老化、不适应当前管理要求的现象等；化工过程安全管理各要素落实情况的检查重点是各要素的实际运行情况，如安全信息管理、特殊作业的管理、承包商的管理、设备设施完好性的管理、安全领导力的践行等，是否存在管理上的缺陷和不符合管理要求的问题。

重大危险源技术负责人不仅要组织好自身应当承担的隐患排查工作，还要定期参加综合性排查工作，重点围绕化工过程安全管理各要素的实际运行情况以及各项专业管理制度执行情况进行检查。

4. 日常性隐患排查的重点是什么？

《危险化学品企业安全风险隐患排查治理导则》中明确了日常性隐患排查是指基层单位班组、岗位人员的交接班检查和班中巡回检查，以及基层单位（厂）管理人员和各专业技术人员的日常性检查。《危险化学品企业安全风险隐患排查治理导则》同时还明确装置操作人员现场巡检间隔不得大于2小时，涉及"两重点一重大"的生产、储存装置和部位的操作人员现场巡检间隔不得大于1小时；基层车间（装置）直接管理人员（工艺、设备技术人员）、电气及仪表人员每天至少对装置现场进行2次相关专业检查。

日常性隐患排查的重点是排查生产装置及重大危险源的安全运行情况以及消防、供配电、公辅系统的可靠性保障情况，同时还要检查备用系统（如应急柴油发电机、应急救援器材）的安全可靠性情况，尤其是对关键装置、重点部位、关键环节和重大危险源的检查和巡查。

重大危险源技术负责人除督促重大危险源操作负责人做好基层单位化工班组、岗位人员的交接班检查、班中巡回检查以及管理人员的定期检查外，应督促各专业技术人员做好日常性检查工作。例如，重大危险源技术负责人负责督促电气及仪表人员、设备运行人员按照规定时间段和规定巡检路线开展巡查。只有明确各岗位、人员日常巡查的任务和职责，才能做好日常性隐患排查工作，将隐患消灭在萌芽之中。

5. 重点时段及节假日前隐患排查的重点是什么？

为避免在节假日、举办重大活动以及有特殊要求的重点时段出现突发事件，确保重要活动顺利进行，保障重点时段和节假日期间的生产安全，构建和谐稳定的社会环境，应在相关活动开始前组织开展隐患排查工作。可通过对各项准备工作、可能出现的假想情景进行再模拟、再确认，落实责任人，修正和完善应对方案，努力使准备工作更加完美、充分。例如，在北京冬奥会期间，各地少数民族传统节日到来前，春节、国庆等长假前或其他重大活动开始前，都需要对应对方案再审核、再确认，对人员、物资准备情况进行再落实，确保万无一失。

另外，节假日前隐患排查还应重点关注员工的心理状况，尤其是春节假期前，员工在工作期间可能因假期忙于家务、亲友团聚、远途出行等造成心理波动而疏于精心操作，容易导致误操作情况发生。

重大危险源的风险特点决定了一旦发生事故，必然导致严重的后果和重大社会影响。节假日期间和重点时段，企业应急力量不足，容易出现救援不及时、事故后果扩大的可能，因此做好重点时段及节假日前的隐患排查，及时发现可能导致事故的隐患并及时整改，可以防患于未然。

重点时段及节假日前隐患排查重点围绕以下内容进行：

（1）值班安排、领导带班在岗在位情况。

（2）生产运行情况及原料、产品存量情况。

（3）节假日和重点时段对生产运行计划调整准备情况。

（4）应急救援器材备用情况。

（5）应急人员值班情况。

（6）员工心理变化、波动情况。

6. 如何组织开展好专业性隐患排查工作?

《危险化学品企业安全风险隐患排查治理导则》中明确了专业性隐患排查是指工艺、设备、电气、仪表、储运、消防和公用工程等专业对生产各系统进行的检查。

工艺专业隐患排查的重点是查工艺指标、操作规程的执行情况，工艺纪律执行情况，工艺报警值设定、变更管理制度执行情况，交接班情况等。

设备专业隐患排查的重点是查重大危险源场所设备安全运行情况，安全附件的管理情况，设备保温保冷、防腐蚀、防泄漏管理情况等。

仪表专业隐患排查的重点是重大危险源场所仪表系统的完好投用情况，现场仪表元器件的安装、维护情况，安全仪表标识、联锁系统投用情况等。

储运专业隐患排查的重点是重大危险源场所装卸作业、人员遵章守纪、安全系统运行、尾气系统安全运行情况等。

消防专业隐患排查的重点是重大危险源场所应急救援器材完好备用、消防设施运行情况等。

安全专业隐患排查的重点是重大危险源各项制度执行情况、员工遵章守纪情况、各级包保负责人履责情况等。

公用工程专业隐患排查的重点是水、电、气、汽供给情况，水质、汽质、污水收集及尾气处理情况等。

重大危险源技术负责人要组织好对重大危险源的专业性检查工作和一些专项检查。技术负责人要根据各专业检查重点内容，编制安全检查表，并结合建设项目安全设施设计专篇和安全评价报告、重大危险源评估报告等相关文件，对重大危险源实际配备的安全设施进行检查。同时可采用 PHA（预先危险性分析法）对可能发生的事故进行预测性分析，并结合季节性检查等其他形式的检查，对存在的隐患进行排查和整治。

7. 如何理解围绕三种时态、三种状态开展隐患排查？

隐患排查工作要围绕"过去、现在和将来"三种时态开展，同时还要考虑"正常、异常和紧急"三种状态。

围绕三种时态开展隐患排查，是指隐患排查工作既要考虑以往曾经发生过事故的部位、场所是否旧患又出，又要考虑当前各重大危险源部位现状是否安全，还要考虑某些部位未来是否存在发生事故的潜在可能。过去曾经发生的事故可能是本企业发生的事故，也可能是其他企业发生的类似事故，开展事故类比排查就是这个道理。定期检查设备、管道腐蚀情况，评估使用寿命，也是考虑到尽管设备设施当前运行良好，不存在隐患，但未来某个时段可能会因腐蚀造成设备故障引发物料泄漏。安全阀必须进行定期校验就是遵循的这个原则。

江苏响水天嘉宜"3·21"爆炸事故就是企业堆放硝化废料时仅考虑到短时间不会存在危险，但没有意识到长期堆存可能造成的风险，从而引发特别重大事故。事故调查发现，企业堆放的硝化废料储存最长时间已达7年。

隐患排查要考虑三种状态是指虽然某一现象在正常情况下可能不是问题，但在异常情况下可能就会引发事故。例如，某企业消防泵房配置的应急照明灯安装高度过高、照度不足，在正常供电情况下并不会存在不便。一旦供电中断且发生火灾，消防主泵不能自动启动，需人员现场启动时，则给现场作业人员带来很大不便，甚至可能存在作业人员因手忙脚乱从消防泵操作平台跌落的风险，不仅不能有效处置险情，反而扩大事故伤害。再比如，对于重大危险源罐区防火堤踏步护栏设置要求，《储罐区防火堤设计规范》（GB 50351—2014）规定每一储罐组的防火堤、防护墙应设置不少于2处越堤人行踏步或坡道，高度大于或等于1.2 m的踏步或坡道应设护栏。但个别企业罐区防火堤踏步超过1.2 m，未设置护栏。平时人员出入罐区并不感到不便，但如果人员吸入有毒气体引起中毒时，步履蹒跚，可能就难以顺利通过踏步逃离罐区。

8. 对重大危险源场所开展隐患排查重点应关注哪些方面？

（1）对构成重大危险源的储存场所开展隐患排查时，应重点关注以下几个方面：

1）露天罐区各储罐监测监控设施是否按照规定要求配备齐全并完好在用。

2）新建设施是否经过正规设计。

3）仪器仪表、供配电系统运行是否正常。

4）工况运行是否平稳，有无超温、超压、超液位现象。

5）可能受影响的监测监控设施是否在不同气象条件（降雨、台风、冰冻、降雪）到来之前采取了防范措施。

6）可燃有毒气体检测报警器位置、高度、报警值设置是否正常，运行状态是否良好。

7）罐区作业是否遵章执行。

8）是否按照规定要求开展变更管理。

9）用于应急处置的消防设施、救援设施、人体防护设施是否完好、备用。

10）消防水供应、事故污水收集设施是否满足应急需求。

11）储罐泄压系统、尾气回收系统运行是否正常。

12）仓库场所是否按要求配备通风、泄压、温湿度检测、喷淋等设施并运行正常。

13）物料存放是否遵守危险化学品仓储存放安全要求。

14）防雷、防静电设施是否满足安全要求。

15）火灾报警、人员疏散措施等是否满足应急需求。

16）采用新技术、新工艺、新装备前是否组织开展了风险分析和员工培训。

17）罐区、库区特殊作业及各种检维修作业是否按规定进行。

18）对液化烃、液氨、液氯、光气、氯乙烯、硝酸铵的储存、装卸采取的管控措施是否符合《危险化学品企业安全风险隐患排查治理导则》规定的管控要求。

（2）对构成重大危险源的生产装置开展隐患排查时，应重点关注以下几个方面：

1）涉及危险工艺的精细化工生产装置是否已开展反应风险评估。

2）涉及危险工艺的生产装置是否按要求配备了安全监测监控设施并正常投用，是否严格控制现场作业人数。

3）生产过程是否存在超温、超压、超液位现象，工艺控制指标是否在规定范围内。

4）各种报警是否能得到有效响应并及时处置。

5）生产厂房泄压、泄爆、通风设施是否按要求配置并运行良好。

6）涉及有毒气体的生产装置是否配备应急吸收系统并运行良好。

7）员工巡检、交接班是否按照要求进行，是否存在违章现象。

8）室内外消防设施、火灾报警系统是否运行良好、灵活好用。

9）厂房内各种特殊作业及检维修作业是否按规定进行。

10）中间仓库、中间罐区是否超量、超品种储存，是否存在厂房当仓库的现象。

11）室内照明照度是否达标，疏散通道是否畅通。

12）较高风险区域是否存在人员聚集现象。

13）是否按照要求开展变更管理。

14）对涉及液化烃、液氨、液氯、光气、氯乙烯、硝酸铵、硝化工艺的生产装置采取的管控措施是否符合《危险化学品企业安全风险隐患排查治理导则》规定的特殊管控要求。

二、隐患治理

1. 对不能及时整改的隐患可采取哪些管控措施？

对排查中发现的隐患进行整改是需要一定条件的，既要考虑整改方案的可靠性，又要考虑整改时机的适宜性。对能立即整改的隐患，应立即整改，并如实记录安全风险隐患排查治理情况，建立安全风险隐患排查治理台账，及时向员工通报。对不能及时整改的隐患，应采取管控措施。

对隐患进行安全风险分析是整改隐患的前提。隐患能否立即整改取决于企业能否正确处理好生产与安全的关系。隐患不立即整改有可能导致重大事故发生的，企业必须立即整改；只有一些允许择机整改的隐患或在一定条件下才能整改的隐患，才能列入不立即整改的隐患范畴。

《危险化学品企业安全风险隐患排查治理导则》指出，对于不能立即完成整改的隐患，应进行安全风险分析，并应从工程控制、安全管理、个体防护、应急处置及培训教育等方面采取有效的管控措施，防止安全事故的发生。

工程控制措施包括通过对装置、工艺、设备设施等重新设计来消除或削弱危害，或通过对产生或导致危害的设施或场所进行密闭来减少对人员的伤害，还可以通过隔离措施把人与危险区域隔开，也可以改变泄漏物料的喷射方向来降低危害。

安全管理措施包括强化操作培训告知、减少隐患场所人员数量或人员暴露时间、安排监护力量、谨慎操作等手段。

个体防护措施则是加强作业人员佩戴劳动防护用品，如通过配备空气呼吸器、系安全绳、携带示警灯等手段来保障人员安全。

应急处置措施则是针对隐患可能造成的后果，细化应急处置原则和处置时机，建立应急授权机制，明确用权条件，可以在隐患有可能演化为事故时采取断然措施，避免事故发生。

企业应准确分析隐患可能造成的事故后果，合理划分可以立即整改的或允许延迟整改的隐患范围。对不能立即整改的隐患，应选择适当的措施管控好风险，防止隐患进一步演化造成事故。

根据《中华人民共和国安全生产法》第六十五条的规定，重大事故隐患排除前或者排除过程中无法保障安全的，应当责令从危险区域内撤出作业人员，责令暂时停产停业或者停止使用相关设施、设备；重大事故隐患排除后，经审查同意，方可恢复生产经营和使用。

发生在 2019 年的河南义马气化厂"7·19"重大爆炸事故则是因为该厂空气分离装置发生泄漏后未及时消除隐患，持续"带病"运行，且风险辨识不准确、管控措施不到位、未建立应急授权机制，致使停车不及时，造成冷箱泄漏未及时处理，发生"砂爆"引发冷箱倒塌，致使附近 500 m³ 液氧储槽破裂，大量液氧迅速外泄，周围可燃物在富氧条件下发生爆炸、燃烧。

2. 如何保证隐患得到及时整改？

企业应建立隐患排查治理管理制度，落实整改责任，对排查中发现的隐患按照"五定"（定人员、定时间、定责任、定标准、定措施）原则开展排查治理工作，实行闭环管理。"定人员"是指将隐患整改的具体负责人或具体实施人明确到人；"定时间"是明确隐患整改的期限；"定责任"是明确具体实施人的责任及考核要求；"定标准"是明确隐患整改必须达到的标准，要求符合国家标准或行业标准，确保安全、可靠；"定措施"是明确整改实施方案和保障整改过程安全的应急措施。

技术负责人要指导操作负责人对发现的隐患问题及其原因进行统计分析，查找根本原因，并举一反三，从根本上解决问题，避免类似隐患重复出现。

隐患整改台账样表见表 2-12。

表 2-12　　　　　　　　　　　隐患整改台账样表

序号	隐患名称	隐患部位	是否是重大隐患	整改责任人	整改措施	整改期限	验收标准	验收时间	验收人

确定整改方案是保证隐患得以正确整改的基础。编制整改方案要充分考虑整改时机和整改过程可能存在的风险，本着可行性、可靠性和安全性的原则，一旦条件具备及时进行整改。

重大危险源技术负责人一方面要督促操作负责人及时按照要求完成隐患的整改工作，落实整改责任和验收责任，避免验收走过场，同时还要及时将整改过程中存在的问题、困难向主要负责人报告。在各地开展的安全检查工作中，专家在对企业上一轮存在问题整改情况"回头看"检查时，经常能够发现部分企业存在对隐患问题整改不到位的现象，一是源于部分企业对专家提出的问题认识不到位，不知如何整改，也没有明确的整改方案；二是源于企业的整改验收人员不掌握整改合格的标准，从而导致企业虽然对隐患进行了整改，但仍整改不到位。

3. 重大危险源场所可能涉及哪些重大隐患？对重大隐患应如何处理？

《化工和危险化学品生产经营单位重大生产安全事故隐患判定标准（试行）》中列出了化工和危险化学品企业构成重大隐患的 20 种情形。重大危险源场所包括生产场所和存储场所，包保责任人的任命、工艺过程的安全运行、罐区监测监控设施的配备和运行以及隐患排查、特殊作业等方方面面均与重大危险源有关，因此上述 20 种重大隐患情形在重大危险源场所都有可能涉及。

对于重大隐患，企业要结合自身的生产经营实际情况，立即采取措施进行隐患治理，必要时停产治理。企业重大危险源技术负责人要组织制定事故隐患治理方案，方案内容包括治理的目标和任务、采取的方法和措施、经费和物资的落实、负责治理的机构和人员、治理的时限和要求、避免整改期间发生事故的安全措施等。

三、隐患评估

1. 如何做好隐患整改验收、销项及后期评估工作？

做好隐患整改后的评估工作可以避免类似隐患重复出现。通过隐患整改后期的评估工作，可进一步确认隐患是否已被根除，验收过程是否坚持高标准、严要求。对整改到位、完成验收的隐患问题及时予以销项，对构成重大隐患的问题还要及时向政府监管部门通报。

在隐患整改过程中，可能涉及变更管理。在后期评估工作中，应核实整改过程是否执行了变更管理制度，相关信息是否得以更新，涉及的人员是否已得到培训，相关操作规程是否进行了调整等。通过后期评估，切实实现隐患整改的闭环管理，同时使相关人员进一步加深对国家法规标准的正确理解。

重大危险源技术负责人一方面要定期听取重大危险源操作负责人对隐患整改的后期评估工作开展情况，另一方面要分析隐患存在的原因，从技术层面统计隐患出现的客观规律，提前做好预防性工作，促进长效机制的建立。

2. 如何建立隐患排查治理长效机制？

避免类似隐患重复出现，一方面要认真做好隐患整改后期评估工作，举一反三，查找存在的类似隐患并进行整改，另一方面要认真分析存在隐患的根本原因，建立防止类似隐患重复出现的长效机制。

建立隐患排查治理长效机制应从隐患原因分析、制定措施、落实措施等方面开展工作。

（1）原因分析。一般而言，企业生产经营过程中存在隐患的根本原因大多是管理原因，主要表现在以下几个方面：

1）缺少良好的企业安全文化氛围，企业管理松散，员工对自身安全要求不高，生产现场管理低标准、老毛病、坏习惯频频出现。

2）主要负责人及管理人员安全生产知识及管理技能低下，不能满足安全生产的要求。

3）各项管理制度落实不到位。例如，重大危险源场所的定期巡检、作业管理、承包商管理、装卸车管理、设备防腐蚀和防泄漏管理等都可能存在落实不到位的现象。

4）操作规程执行不严格，"三违"（违章指挥、违章作业、违反劳动纪律）现象多发。

5）员工安全素质不高，风险识别和管控能力不足，现场应急处置能力不强等。

（2）制定措施。通过从技术、管理、人员各方面认真分析隐患存在的原因，制定有针对性的对策，在隐患整改的同时，不断优化措施。

（3）落实措施。在完善措施的同时，举一反三，落实整改措施，完善相关制度，强化管理，确保长效机制有效。

技术负责人应经常听取操作负责人对隐患根本原因的分析情况，同时及时向主要负责人报告发现的新问题、新情况，积极寻求解决对策，从查找自身原因开始，不断提升管理水平和专业知识技能，切实建立隐患治理的长效机制。

❓ 思考题

1. 如何编制企业隐患排查工作计划？
2. 复工复产前开展隐患排查工作的目的是什么？
3. 应如何把握对不同隐患采取不同治理要求的原则？

第七节　重大危险源作业安全

一、特殊作业安全管理

1. 哪些作业属于特殊作业?

根据《危险化学品企业特殊作业安全规范》(GB 30871—2022),危险化学品企业生产经营过程中可能涉及的动火、进入受限空间、盲板抽堵、高处作业、吊装、临时用电、动土、断路等,对作业者本人、他人及周围建(构)筑物、设备设施可能造成危害或损毁的作业属于特殊作业。

2. 为什么要加强对特殊作业环节的安全管理?

特殊作业具有作业过程风险大,事故易发、多发的特点,容易导致人身伤亡或设备损坏,造成严重的事故后果。据统计,40%以上的化工生产安全事故与特殊作业有关。2015年5月16日,山西晋城某化工公司操作人员进入受限空间实施管道维修作业时未佩戴劳动防护用品,导致发生硫化氢中毒,后续员工盲目施救造成事故扩大,导致8人死亡;2018年5月12日,上海某石化公司承包商员工进入苯储罐作业过程中,由于施工器具管理不规范,导致在可燃气体环境中发生着火爆炸事故,造成6人死亡。

特殊作业环节已经成为化工企业生产安全事故发生的"重灾区"。《化工和危险化学品生产经营单位重大生产安全事故隐患判定标准(试行)》将"未按照国家标准制定动火、进入受限空间等特殊作业管理制度,或者制度未有效执行"列为重大生产安全事故隐患。

特殊作业过程涉及电能、热能、化学能、势能等多种能量的产生和积聚,能量的意外释放就会导致事故发生。特殊作业环节的风险特点决定了化工企业必须加强特殊作业的安全管理，加强重大危险源场所的特殊作业管理更是企业安全管理的重点。

3. 特殊作业过程中存在的主要风险是什么？

特殊作业过程中存在的主要风险包括火灾、爆炸、中毒和窒息、触电、物体打击、机械伤害、起重伤害、车辆伤害、高处坠落、灼烫、坍塌、淹溺等风险。具体分析如下：

（1）动火作业。在存在易燃易爆气体、液体、粉尘等环境下实施动火作业，如果易燃易爆物不能有效隔离，在引入点火源后很容易引起燃烧甚至爆炸。在经气体检测分析合格的场所进行动火作业，可能会因附着在设备管道内壁的残留物料受热再次产生易燃易爆气体，引发火灾爆炸。

（2）进入受限空间作业。受限空间作业过程中可能存在中毒、缺氧窒息、火灾、爆炸、淹溺、高处坠落、触电、物体打击、机械伤害、灼烫、坍塌、高温高湿等各类风险，主要包括以下几个方面：

1）进入盛装过有毒、可燃物料的受限空间，在置换、吹扫或蒸煮不彻底，残留或逸出有毒、可燃气体时，可能导致火灾、爆炸作业人员中毒。

2）在分析合格的受限空间内实施清理积料作业，翻动、排出积料时造成有毒、可燃气体重新逸出可能引起火灾、爆炸作业人员中毒。

3）因与受限空间连通的管道未完全隔离、与受限空间连通的孔洞未严密封堵，导致可燃、有毒气体窜入受限空间内，引起火灾、爆炸作业人员中毒。

4）因未保持受限空间内空气良好流通而使氧含量不足，可能导致作业人员窒息。

5）进入带有电气设施的空间，因对作业设备上的电气电源未采取断电等可靠措施，可能导致触电。

6）进入带有搅拌器的设备内作业未办理停电手续，若发生误操作可能造成人员机械伤害。

7）作业人员未佩戴必要的劳动防护用品，可能导致自身伤害。

8）在受限空间内进行高处作业，劳动防护用品配备不全可能造成高处坠落风险，脚手架搭设不牢可能造成坍塌。

9）盲目施救可能导致事故扩大。

10）进入有积水的地下水池清料，作业不当可能造成人员淹溺。

（3）盲板抽堵作业。盲板抽堵作业过程中，最主要的风险是中毒、窒息、灼烫（化学灼伤、烫伤或冻伤）、火灾、爆炸、物体打击等，其次是机械伤害、起重伤害，根据具体的作业情况，可能的风险还有高处坠落、触电等。盲板抽堵作业时，设备（管道）内的介质往往难以彻底清理干净，管道内压力有时也难以降至常压，根据介质的不同危险特性，可能会产生中毒、窒息、灼烫（化学灼伤、烫伤或冻伤）、火灾、爆炸等危害。对使用的工具操作不慎、误操作，可能导致物体打击、机械伤害、起重伤害等。在管廊上或高处平台上作业，存在高处坠落的风险。

（4）高处作业。在高处作业时，如果护栏、围挡等安全设施缺失或有缺陷，作业人员在作业时未系安全带或安全带悬挂、使用不当，或在高处行走时失足，都有可能导致人员意外跌落，造成高处坠落事故。

（5）吊装作业。吊装作业过程中，可能存在的风险主要如下：

1）吊装作业现场有含危险物料的设备、管道时，如果操作不当，吊具或吊物碰撞设备、管道，可能会使设备、管道损坏，并导致危险物料泄漏，继而导致人员中毒、化学灼伤、火灾、爆炸等事故。

2）靠近高架电力线路进行吊装作业时，如果操作不当，吊具或吊物碰撞电力线路，可能造成人员触电、电力线路损坏、供电线路停电。

3）遇大雪、暴雨、大雾、6级及以上大风露天吊装作业时，视线不清、湿滑、风大等原因可能导致多种起重伤害或吊物损坏。

4）起重机械、吊具、索具、安全装置等存在问题，吊具、索具未经计算就选择使用等原因，容易导致吊具、索具等在吊装过程中损坏及吊物坠落损坏。

5）未按规定负荷进行吊装、未进行试吊、吊车支撑不规范或不稳，导致吊车倾覆。

6）利用管道、管架、电线杆、机电设备等作为吊装锚点，可能造成管道、管架、电线杆、机电设备损坏，并可能引发其他次生事故。

7）吊物捆绑、紧固、吊挂不牢，吊挂不平衡，索具打结，索具不齐，斜拉重物，棱角吊物与钢丝绳之间无衬垫等情况，导致吊物坠落。

8）吊装过程中吊物及起重臂移动区域下方有人员经过或停留、吊物上有人、吊物坠落、物体打击造成人员伤亡。

9）吊装操作人员、指挥人员不专业，操作不规范，导致多种起重事故。

10）吊装操作人员位于高处时，因行走不慎，造成高处坠落。

（6）临时用电作业。临时用电作业过程中可能存在的风险主要表现为人员触电风险和火灾、爆炸风险。

1）人员触电风险。人员操作不当、违章操作、电气设备设施绝缘破坏、未设置保护接地或接地断开等情况易导致人员触电。作业人员使用了不绝缘的设备进行带电操作，同样可能会造成人员触电。

2）火灾、爆炸风险。在防爆区域内使用非防爆工具，因电火花、高温表面而引发火灾、爆炸。在防爆区域接电过程中，如果电气线路及电气设备接触不良，送电时可能发生电气打火而引发火灾、爆炸。此外，电气设备过载、接触不良可能导致电气设备过热引发火灾等。临时用电作业线路及作业点周围可燃物没有清理，过载、线路接触不良等原因可能使设备、线路连接处等部位形成局部高温，并引燃可燃物，引起火灾。

（7）动土作业和断路作业。动土作业和断路作业过程中，可能存在的风险主要如下：

1）火灾、爆炸、触电、人员中毒等风险。破坏地下的电缆（通信、动力、监控等电缆）、管线（消防水、工艺水、污水、危险化学品介质等管线）等地下隐蔽设施，可能引发触电、区域停电、危险化学品介质泄漏、人员中毒、火灾、爆炸、装置停车等事故。

2）坍塌风险。未设置固壁支撑、水渗入作业层面等可能造成塌方，导致人员受困。

3）机械伤害风险。使用机械挖掘或2人以上同时挖土时相距较近，易造成机械伤害。

4. 特殊作业过程存在的问题隐患有哪些?

(1) 对作业场所易燃易爆气体检测不达标即进行动火作业。

(2) 实施特殊作业前,未办理作业票即开始作业。

(3) 在火灾爆炸危险场所作业时使用非防爆工具。

(4) 动火作业时因分级不准确而降低审批要求,导致风险管控措施不足。

(5) 进入受限空间作业时受限空间内易燃易爆、有毒有害气体置换不达标。

(6) 实施特殊作业时,涉及特种作业的人员无证上岗,违章作业。

(7) 实施特殊作业时,缺乏监护人或监护人未履行职责。

(8) 实施特殊作业时,采取的各种风险管控措施不到位或缺失。

(9) 企业未制定特殊作业安全管理制度,相关人员不清楚自身在特殊作业管理过程中的职责而造成管理"真空"。

(10) 企业特殊作业过程中出现变更或存在关联作业,未按照要求及时办理相关作业票造成风险管控措施不足。

二、试生产管理

1. 化工生产装置试生产的总体要求是什么?

(1) 化工生产装置投料试车前,应按照有关要求编制试生产方案。

(2) 化工生产装置试车分为 4 个阶段,即试车前的生产准备阶段、预试车和联动试车阶段、化工投料试车阶段、生产考核阶段。从预试车开始,每个阶段必须符合规定的条件、程序和标准要求,方可进入下一个阶段。

(3) 化工生产装置试车及各项生产准备工作必须坚持"安全第一、预防为主、综合治理"的方针,明确试生产安全管理职责。

(4) 化工生产装置试车工作应遵循"单机试车要早,吹扫气密要严,联动试车要全,投料试车要稳,试车方案要优"的原则,做到安全稳妥。

(5) 建设(生产)单位应负责组织建设或检维修、生产准备、试车、生产考核各项工作,负责化工投料试车的组织和指挥、生产考核工作。

(6) 化工生产装置安全设施施工完成后,建设(生产)单位应当按照有关法律、法规、规章、标准和有关规定，组织工程技术人员或委托设备制造、检测检验等单位对化工生产装置安全设施进行调试和检验检测，保证化工生产装置安全设施满足危险化学品生产、储存、使用的安全要求，并保持正常适用状态。

2. 化工生产装置试生产前各环节的安全管理要求有哪些?

化工生产装置试生产前，建设单位或总承包商要及时组织设计、施工、监理、生产等单位的工程技术人员开展"三查四定"（三查：查设计漏项、查工程质量、查工程隐患；四定：整改工作定任务、定人员、定时间、定措施），确保施工质量符合有关标准和设计要求，确认工艺危害分析报告中的改进措施和安全保障措施已经落实。

（1）系统吹扫冲洗安全管理。在系统吹扫冲洗前，要在排放口设置警戒区，拆除易被吹扫冲洗损坏的所有部件，确认吹扫冲洗流程、介质及压力。蒸汽吹扫时，要落实防止人员烫伤的防护措施。

（2）气密试验安全管理。要确保气密试验方案全覆盖、无遗漏，明确各系统气密的最高压力等级。高压系统气密试验前，要分成若干等级压力，逐级进行气密试验。真空系统进行真空试验前，要先完成气密试验。要用盲板将气密试验系统与其他系统隔离，严禁超压。气密试验时，要安排专人监护，发现问题，及时处理。做好气密试验记录，签字备查。

（3）单机试车安全管理。企业要建立单机试车安全管理程序。单机试车前，要编制试车方案、操作规程，并经各专业确认。单机试车过程中，应安排专人操作、监护、记录，发现异常立即处理。单机试车结束后，建设单位要组织设计、施工、监理及制造商等方面人员签字确认并填写试车记录。

（4）联动试车安全管理。联动试车应具备下列条件：所有操作人员考核合格并已取得上岗资格，公用工程系统已稳定运行，试车方案和相关操作规程、经审查批准的仪表报警和联锁值已整定完毕，各类生产记录、报表已印发到岗位，负责统一指挥的协调人员已经确定。引入燃料或窒息性气体后，企业必须建立并执行每日安全调度例会制度，统筹协调全部试车的安全管理工作。

（5）投料试车安全管理。投料前，要全面检查工艺、设备、电气、仪表、公用工程和应急准备等情况，具备条件后方可进行投料。投料及试生产过程中，管理人员要现场指挥，操作人员要持续进行现场巡查，设备、电气、仪表等专业人员要加强现场巡检，发现问题及时报告和处理。投料试生产过程中，要严格控制现场人数，严禁无关人员进入现场。

3. 试生产过程中可能出现的安全风险有哪些？

化工建设项目（包括重大危险源新建、改建、扩建项目）试生产过程中可能出现设备管道损坏风险，火灾、爆炸风险，机械伤害风险，灼伤、烫伤风险，触电风险，中毒、窒息风险，高处坠落及物体打击伤害风险等。一旦风险失控，可能造成财产损失，甚至人员伤亡。

（1）设备管道损坏风险。在试生产过程中，设备管道损坏是最有可能发生的问题，主要原因有两个方面。一方面是生产装置本身存在设计缺陷，不满足生产运行要求，而未被发现；安装质量把关不严、试车调试过程不细致，达不到开车要求；潜在的隐患未能在验收中发现，在试生产时才反映出来。另一方面是试生产人员对生产装置和开车方案生疏，操作不熟练甚至出现误操作，导致设备损坏。一旦发生此类事故，轻则造成财产损失，影响试生产进度，重则造成人员伤亡。2015年福建腾龙芳烃（漳州）有限公司"4·6"爆炸着火事故就是因焊接质量问题导致管道焊口断裂，物料泄漏引起着火爆炸。

（2）火灾、爆炸风险。在试生产过程中，操作人员违章操作，装置区防爆电气及照明设施未做好检查、维修导致防爆性能不满足要求，防雷、防静电设施不完好，未严格执行动火作业管理制度，压力容器、压力管道超温、超压运行等，均可能造成火灾、爆炸风险。

（3）机械伤害风险。试生产过程中存在大量的转动机械设备，转动机械设备的转动装置未安装防护栏、防护罩，未采用隔离措施，可能造成机械伤害风险。

（4）灼伤、烫伤风险。试生产过程中接触高、低压蒸汽及高温物料，以及腐蚀性物料等，可能会造成人员灼伤、烫伤风险。

（5）触电风险。试生产装置中电气设备较多，高、低压并存，绝缘不良，安全防护不全，电气设备检修时操作不当，电气及线路腐蚀损坏，露天电气设备、开关进水受潮，防护用品和工具质量有缺陷等原因均能造成触电风险。

（6）中毒、窒息风险。试生产过程中可能存在二氧化碳、氮气等窒息性气体，设备和管道密封不严或发生泄漏会引起中毒、窒息。

（7）高处坠落及物体打击风险。试生产过程中，在高大设备上操作或巡回检查可能导致人员跌落伤害。高处坠落及物体打击也是试生产中容易出现的风险。

（8）气密性试压时，设备、管道的试验压力一般都较高，如果出现安全阀和截止阀关闭、压力过大、管道焊接质量不达标等情况，物料易喷出伤人。

（9）新建项目可能会使用新工艺、新设备、新技术、新材料，在试生产期间，由于这些工艺、设备是第一次使用，可能存在工艺技术不成熟、设备性能不稳定、人员不会操作等问题，从而导致事故发生。尤其是涉及新开发的危险化工工艺，未开展反应风险评估即投入使用，风险极大。

（10）参与试生产的单位和人员众多，如果现场秩序混乱、管理界限不清，可能因职责不清造成"管理真空"，容易导致事故发生。

4. 化工生产装置在试生产前应做好哪些准备工作？

生产准备工作应从化工建设项目（包括重大危险源新建、改建、扩建项目）审批（核准、备案）后开始。建设（生产）单位应将生产准备工作纳入项目建设的总体统筹计划，及早组织生产准备部门及聘请的设计、施工、监理、生产方面的专家参与生产准备工作。主要准备工作如下：

（1）组织准备。组织准备一般包括生产准备和明确试车的领导机构、工作机构，明确负责人、成员、工作职责、工作标准、工作流程等相应规定，建立健全各项管理规章制度。

（2）人员准备。根据审批的定员及人员配备计划，配齐各级管理人员、技术人员、技能操作人员。同时做好相应岗位人员的培训工作，并经考试合格后，方可进行试生产相关工作。

（3）技术准备。编印技术资料、图样、操作手册，编制各种技术规程、岗位操作法和安全操作规程；编制各类综合性技术资料；编制企业管理的各项规章制度；编制大机组试车和系统干燥、置换及三剂（催化剂、溶剂、干燥剂）装填、保护等方案，并配合施工单位编制系统吹扫、气密及化学清洗方案；编制覆盖全部试车项目的各种试车方案。

（4）安全准备。具体包括以下内容：

1）安全管理部门的建立和人员配备、培训、考核。

2）安全生产责任制、安全管理制度和安全操作技术规程。

3）全员安全培训计划。

4）同类装置安全事故案例收集、汇编以及教育安排。

5）装置试车涉及的每种物质的防火注意事项和灭火处理措施。

6）安全、消防、救护等应急设施使用维护管理规程和消防设施分布及使用资料。

7）化工生产装置的风险识别、试车的风险评价或危险与可操作性分析（HAZOP）及重大危险源辨识。

8）应急救援预案、组织和队伍。

9）周边环境安全条件及控制措施。

10）化工生产装置试车过程中的区域限制。

（5）物资准备。做好主要原料、燃料及试车物料、辅助材料、生产专用工具、工器具、管道、管件、阀门等采购计划提报、到货验收、现场使用等方面的物资准备工作。

（6）外部条件准备。落实外部供给的电力、水源、蒸汽等动力的联网及供给时间，以及厂外道路、雨水排水、工业污水等工程的接通。

（7）产品储存及物流运输准备。

（8）其他准备。后勤服务保障准备，以及技术提供、专利持有或承包方配合的有关准备。

5. 试生产总结的内容有哪些？

建设（生产）单位原则上应在化工投料试车结束后半年内（中、小型化工生产装置为3个月内）对原始记录整理、归纳、分析的基础上，写出化工生产装置的试车总结，留存备案。试车总结应重点包括下列内容：

（1）各项生产准备工作。

（2）试车实际步骤与进度。

（3）试车实际网络与计划网络的对比图。

（4）试车过程中遇到的难点与对策。

（5）开停车事故统计分析。

（6）安全设施的稳定性、有效性和存在的问题及其对策措施。

（7）试车成本分析。

（8）试车的经验与教训。

（9）意见及建议。

6. 试生产考核的内容有哪些？

试生产考核的主要目的是对化工生产装置的生产能力、安全性能、工艺指标、环保指标、产品质量、设备性能、自控水平、消耗定额等是否达到设计要求进行全面考核，包括对配套的公用工程和辅助设施的能力进行全面鉴定。试生产考核的主要内容如下：

（1）装置生产能力。

（2）原料、燃料及动力指标。

（3）主要工艺指标。

（4）产品质量和成本。

（5）自控仪表、在线分析仪表和工艺联锁、安全联锁装置投用情况。

（6）机电设备的运行状况。

（7）安全设施的稳定性、有效性以及安全生产管理情况。

（8）"三废"排放达标情况。

（9）设计合同规定要考核的其他项目。

三、开停车管理

1. 开停车安全管理的要求有哪些？

化工生产过程中，出现开停车的情形很多，除项目建成后的原始开车外，还有正常状态下的开停车、临时停车、紧急停车后的再开车以及大检修后的开车等。每一种情形下的开停车操作都有不同的要求，必须分别制定方案进行管理。

《关于加强化工过程安全管理的指导意见》（安监总管三〔2013〕88号）对开停车管理提出的要求如下：

（1）企业要制定开停车安全条件检查确认制度。在正常开停车、紧急停车后的开车前，都要进行安全条件检查确认。开停车前，企业要进行风险辨识分析，制定开停车方案，编制安全措施和开停车步骤确认表，经生产和安全管理部门审查同意后，要严格执行并将相关资料存档备查。

（2）企业要落实开停车安全管理责任，严格执行开停车方案，建立重要作业责任人签字确认制度。开车过程中装置依次进行吹扫、清洗、气密试验时，要制定有效的安全措施；引进蒸汽、氮气及易燃易爆、腐蚀性介质前，要指定有经验的专业人员进行流程确认；引进物料时，要随时监测物料流量、温度、压力、液位等参数变化情况，确认流程是否正确。要严格控制进退料顺序和速率，现场安排专人不间断巡检，监控有无泄漏等异常现象。

（3）停车过程中的设备、管道低点的排放要按照顺序缓慢进行，并做好个人防护；设备、管道吹扫处理完毕后，要用盲板切断与其他系统的联系。盲板抽堵作业应在编号、挂牌、登记后按规定的顺序进行，并安排专人逐一进行现场确认。

2. 开停车过程中存在的安全风险有哪些?

开工管理是指生产装置或设施安装、变更或检修施工状态结束，开始转入开工过程，直到开工正常、产品合格的管理过程。停工管理是指生产装置或设施从开工状态转入停工操作，包括退料、吹扫等，直到交付检修的过程。

化工生产装置在开停工阶段存在的安全风险因素比正常生产阶段更集中、更危险、更复杂，也是事故多发的过程，其危险性表现在以下几个方面：

（1）装置的开停工技术要求高、程序复杂、操作难度大，是一个需要多专业、多岗位紧密配合的系统工程。在开停工过程中，装置工况处于操作条件时刻变化、不断进行操作调整的不稳定状态，全厂性的动力供应等也处于不稳定状态。

（2）对于检修后装置的开工，所有设备、仪表等随着开工进度陆续投入使用，逐一经受考验，随时可能出现故障、泄漏等问题。

（3）对于新建装置的开工，装置的流程、设备没有经过正式生产的检验，人员对新装置的认识、操作熟练程度、处理问题的经验等达不到老装置的水平。因此，开停工过程的风险因素是随时变化的，也是不确定的。相比而言，新建装置的开工比老装置停工检修后的再开工风险更大。

鉴于装置开停工过程的危险性，企业对化工生产装置开停工过程应予以高度重视。

四、变更管理

1. 危险化学品企业为什么要开展变更管理？

变更管理是指对人员、工作过程、工作程序、技术、设施等永久性或暂时性的变化进行有计划的控制，确保变更带来的危害得到充分识别，风险得到有效控制的一套管理体系。未超出工艺控制范围的调整、设备设施日常维护或更换同类型设备不属于变更管理的范围。

企业应建立变更管理体系，在工艺、设备、仪表、电气、公用工程、备件、材料、化学品、生产组织方式和人员等方面发生的所有变化，都要纳入变更管理体系。变更管理制度至少应包括以下内容：变更的事项、起始时间，变更的技术基础、可能带来的安全风险，消除和控制安全风险的措施，是否修改操作规程，变更审批权限，变更实施后的安全验收等。实施变更前，企业应组织专业人员进行检查，确保变更具备安全条件；明确受变更影响的本企业人员和承包商作业人员，并对其进行相应的培训。变更完成后，企业要及时更新相应的安全生产信息，建立变更管理档案。

变更会造成企业风险发生变化，不正确的变更可能导致火灾、爆炸或有毒气体泄漏等灾难性事故发生；变更过程管理不严，也极易引发安全事故。此类事故如大连中石油国际储运有限公司"7·16"特别重大输油管道爆炸火灾事故、连云港聚鑫生物科技有限公司"12·9"重大爆炸事故、河北克尔化工有限责任公司"2·28"重大爆炸事故以及上海赛科石油化工有限责任公司"5·12"其他爆炸较大事故等。其中连云港聚鑫生物科技有限公司"12·9"重大爆炸事故就是典型的变更管理失控导致的事故。事故原因包括：原设计使用氮气将保温釜物料压入高位槽，因制氮机损坏，企业擅自改用压缩空气；企业擅自将改造后的尾气处理系统与原有的氯化水洗尾气处理系统在三级碱吸收前连通，中间仅设置了一个管道隔膜阀，致使在使用过程中，原本两个独立的尾气处理系统实际连成一个系统；擅自取消保温釜爆破片。河北克尔化工有限责任公司"2·28"重大爆炸事故也是因变更管理失控造成的事故。事故原因是：企业随意将原料尿素变更为双氰胺，随意提高导热油温度（将导热油加热器出口温度设定高限由 215 ℃ 提高至 255 ℃，使反应釜内物料温度接近了硝酸胍的爆燃点 270 ℃），未经设计增设一台导热油加热器。在反应釜底部伴热导热油软管发生泄漏着火后，外部火源使反应釜底部温度升高，局部热量积聚，造成釜内反应产物硝酸胍和未反应的硝酸铵急剧分解爆炸。

因此，化工企业必须高度重视变更管理，通过建立并严格执行制度来规范变更管理。而评估变更后可能产生的风险，并采取有效措施降低与管控风险，是变更管理的核心。

2. 变更管理的目的和作用是什么？

变更管理的目的是对化学品、工艺技术、设备设施、程序以及操作过程等永久性或暂时性的变更进行有计划的规范控制，消除或减少由于变更而引起的潜在事故隐患，确保人身、财产安全，不破坏环境，不损害企业的声誉。变更管理有以下作用：

（1）控制已经做过风险分析的系统实施的变更。

（2）明确变更管理过程中的责任。

（3）通知变更可能会影响到的相关人员。

（4）保证变更时的风险识别与评价。

（5）保证资料及时更新。

3. 变更的类型及内容有哪些?

根据《关于加强化工过程安全管理指导意见》(安监总管三〔2013〕88号)的规定,变更可分为工艺技术变更、设备设施变更和管理变更,具体内容如下:

(1)工艺技术变更主要包括生产能力,原辅材料(包括助剂、添加剂、催化剂等)和介质(包括成分、比例的变化),工艺路线、流程及操作条件,工艺操作规程或操作方法,工艺控制参数,仪表控制系统(包括安全报警和联锁整定值的改变),水、电、汽、风等公用工程方面的改变等。

(2)设备设施变更主要包括设备设施的更新改造、非同类型替换(包括型号、材质、安全设施的变更)、布局改变,备件、材料的改变,监控、测量仪表的变更,计算机及软件的变更,电气设备的变更,增加临时的电气设备等。

(3)管理变更主要包括人员、供应商和承包商、管理机构、管理职责、管理制度和标准等发生变化。

4. 变更管理的程序是什么?

(1)变更申请。实施变更时,变更申请人应填写变更申请表,并由专人负责管理。

(2)变更审批。变更申请表应上报主管部门,由主管部门负责组织有关人员进行风险分析,确定变更产生的风险,制定控制措施。变更申请应逐级上报主管部门和主管领导审批。主管部门应组织有关人员按变更原因和实际生产需要确定是否进行变更。

(3)变更实施。变更批准后,由各相关职责部门负责实施并形成文件。任何临时性的变更,未经审查和批准,不得超过原批准的范围和期限。

(4)变更验收。变更实施结束后,变更主管部门应对变更情况进行验收,确保变更达到计划要求。

(5)沟通与存档。变更发生后,变更主管部门应及时将变更结果通知相关部门和人员,并及时对相关人员进行培训,使其掌握新的工作程序或操作方法。

(6)变更验收合格后,按文件管理要求,应及时修订操作规程和工艺控制参数,制定、完善管理制度,新的文件资料按有关程序及时发至有关部门和人员,关闭变更。

（7）变更管理完成后，应及时更新相应的过程安全信息，建立变更管理档案，将变更资料及时归档保存。如果提出的变更在决策时被否决，其初始记录也应予以保存。

五、检维修作业管理

1. 化工企业应如何开展检维修作业管理？

化工企业检维修包括全厂停车大检修，一套或几套装置停车大修，系统、车间或生产、储存装置的检维修，装置的维护保养，生产、储存装置及设备在不停产状况下的抢修。要充分认识化工企业检维修作业的安全风险。

为了保障检维修作业安全进行，化工企业在进行检维修作业前，应根据生产操作、工艺技术和设施设备的特点，组织对检维修作业活动和场所、设施、设备及生产工艺流程进行危险、有害因素识别和风险分析。风险分析应涵盖检维修作业过程、步骤、所使用的工器具，以及检修设备、装置、作业环境、作业人员情况等。根据风险分析的结果采取相应的工程技术、管理、培训教育、个体防护等方面的预防和控制措施，消除或控制检维修作业风险。凡在检维修作业前风险分析不到位、未采取和落实预防与控制措施的，一律不得实施检维修作业。

化工企业检维修作业通常涉及易燃易爆、有毒有害物质，又经常进行动火、进入受限空间、盲板抽堵等特殊作业，极易导致火灾、爆炸、中毒、窒息事故的发生。目前，化工企业通常将检维修作业委托外部施工单位承担，客观上增加了安全管理环节，加大了安全管理的难度。施工单位人员不一定熟悉化工企业具体的工艺、设备和涉的危险有害物料情况，如果没有完善的安全管理和较强的施工能力，施工作业的安全风险很高。

化工装置的所有检维修作业都要预先制定检维修方案，明确检维修项目安全负责人和安全技术措施；对检维修人员、监护人员进行安全培训教育和方案现场交底，使其掌握检维修过程及安全措施。检维修前，应确保生产装置的工艺处理和设备的隔绝、清洗、置换等安全技术措施满足安全要求，用于检维修的设备、工器具符合国家相关安全规范的要求，检维修现场设立安全警示标志，采取有效安全防护措施，确保消防和行车通道畅通，应急救援器材、劳动防护用品、通信和照明设备等应完好并满足安全要求。检维修工作过程中，生产装置出现异常情况可能危及人员安全时，应立即通知检维修人员停止作业，迅速撤离作业场所，异常情况排除且确认安全后，方可恢复作业；建立质量安全过程管理机制，加强对关键检维修作业的质量控制，防止致命质量缺陷进入试压或生产运行等环节；严格执行交接验收手续，确保检维修后的设备设施安全运行。

2. 化工企业如何开展设备预防性维修和检测工作？

预防性维修是通过对设备使用情况的综合分析，预测设备未来使用性能情况，在设备出现故障前及时开展维修，使设备始终保持良好的运行状态，可大大避免设备故障造成的损失，同时延长设备的经济寿命。

预防性维修是将设备维修由传统的"事后维修"转变成"预防性维修或预知性维修"。预防性维修的特点包括：以时间为基础，具有系统性；计划、组织更好，减少了时间上的损失；绝大部分故障能在发生前进行处理；设备性能大大提高。事后维修也称故障性或纠正性维修，其缺点是设备可靠性差、设备效率低、增加维修加班时间、需要的备件库存大、维修成本高等。

实施预防性维修的技术支撑是开展检测、检查、监测，建立故障模型，对失效/损伤机理进行识别。重点做好以下几方面工作：

（1）企业应编制设备检维修计划，并按计划开展检维修工作。

（2）对重点检修项目应编制检维修方案，方案内容应包含作业安全分析、安全风险管控措施、应急处置措施及安全验收标准。

（3）检维修过程中涉及特殊作业的，应执行《危险化学品企业特殊作业安全规范》（GB 30871—2022）的要求。

（4）安全设施应编入设备检维修计划，定期检维修。安全设施不得随意拆除、挪用或弃置不用，因检维修拆除的，检维修完毕后应立即复原。

（5）关键设备要装备在线监测系统。要定期监（检）测检查关键设备，连续监（检）测检查仪表，及时消除静设备密封件、动设备易损件的安全隐患。定期检查压力管道阀门、螺栓等附件的安全状态，及早发现和消除设备缺陷。

（6）编制动设备操作规程，确保动设备始终具备规定的工况条件。自动监测人机组和重点动设备的转速、振动、位移、温度、压力、腐蚀性介质含量等运行参数，及时评估设备运行状况。加强动设备润滑管理，确保动设备运行可靠。

（7）在风险分析的基础上，确定安全仪表功能（SIF）及其相应的功能安全要求或安全完整性等级（SIL）。要按照《过程工业领域安全仪表系统的功能安全 第1部分：框架、定义、系统、硬件和软件要求》（GB/T 21109.1—2007）、《过程工业领域安全仪表系统的功能安全 第2部分：GB/T 21109.1 的应用指南》（GB/T 21109.2—2007）、《过程工业领域安全仪表系统的功能安全 第3部分：确定要求的安全完整性等级的指南》（GB/T 21109.3—2007）和《石油化工安全仪表系统设计规范》（GB/T 50770—2013）的要求，设计、安装、管理和维护安全仪表系统。

❓ 思考题

1. 企业应如何管控重大危险源场所的特殊作业风险？

2. 化工生产装置试生产、开停车注意事项有哪些？

3. 结合你所在企业情况，简述哪些方面应作为变更管理的重点内容。

第八节　重大危险源消防安全

一、防火间距、消防车道设置要求

1. 重大危险源与周边设施的防火间距设置应遵从哪些标准？

重大危险源与周边设施的防火间距应根据构成重大危险源的企业类型分别执

行各自的防火标准。目前，我国已出台的防火标准主要有《石油化工企业设计防火标准（2018 年版）》（GB 50160—2008）、《建筑设计防火规范（2018 年版）》（GB 50016—2014）、《石油库设计规范》（GB 50074—2014）、《石油储备库设计规范》（GB 50737—2011）、《石油天然气行业防火规范》（GB 50183—2004）、《液化天然气（LNG）生产、储存和装运》（GB/T 20368—2021）、《精细化工企业工程设计防火标准》（GB 51283—2020）和《煤化工工程设计防火标准》（GB 51428—2021）等。

《石油化工企业设计防火标准（2018 年版）》（GB 50160—2008）规定了液化烃球罐组、可燃液体储罐组与周边设施的防火间距（见表 2-13）、同一罐组内相邻可燃液体地上储罐的防火间距（见表 2-14）。

表 2-13　　液化烃球罐组、可燃液体储罐组与周边设施的防火间距

相邻工厂或设施		防火间距/m	
		液化烃罐组（罐外壁）	甲、乙类液体罐组（罐外壁）
居民区、公共福利设施、村庄		300	100
相邻工厂（围墙或用地边界线）		120	70
厂外铁路	国家铁路线（中心线）	55	45
	厂外企业铁路线（中心线）	45	35
国家或工业区铁路编组站（铁路中心线或建筑物）		55	45
厂外公路	高速公路、一级公路（路边）	35	30
	其他公路（路边）	25	20
变配电站（围墙）		80	50
架空电力线路（中心线）		1.5 倍塔杆高度且不小于 40 m	1.5 倍塔杆高度
Ⅰ、Ⅱ级国家架空通信线路（中心线）		50	40
通航江、河、海岸边		25	25
地区埋地输油管道	原油及成品油（管道中心）	30	30
	液化烃（管道中心）	60	60
地区埋地输气管道（管道中心）		30	30
装卸油品码头（码头前沿）		70	60

表 2-14 同一罐组内相邻可燃液体地上储罐的防火间距

类别	储罐型式			
	固定顶罐		浮顶、内浮顶罐	卧罐
	≤1 000 m³	>1 000 m³		
甲$_B$、乙类	0.75D	0.6D	0.4D	0.8 m
丙$_A$类	0.4D			
丙$_B$类	2 m	5 m		

注：①表中 D 为相邻较大罐的直径，单罐容积大于 1 000 m³ 的储罐取直径或高度的较大值。
②储存不同类别液体或不同型式的相邻储罐的防火间距应采用本表规定的较大值。
③现有浅盘式内浮顶罐的防火间距同固定顶罐。
④储存可燃液体的低压储罐，其防火间距按固定顶罐考虑。
⑤储存丙$_B$类可燃液体的浮顶、内浮顶罐，其防火间距大于 15 m 时，可取 15 m。

当然，重大危险源与相邻设施间的防火间距只是重大危险源在发生火灾事故情况下与相邻设施的最低安全距离，仅满足此间距要求并不一定能保证重大危险源在事故情况下不会对周边设施造成影响。企业在布置重大危险源设施时，应结合构成重大危险源的物料特性和可能发生的事故类型，采用定量风险评价法核算出安全距离，以确保在重大危险源发生事故时不会对周边设施造成影响。

2. 重大危险源场所消防通道设置是如何规定的?

不同的防火标准对重大危险源场所消防通道设置提出了不同的要求。其中《石油化工企业设计防火标准（2018 年版）》（GB 50160—2008）和《石油库设计规范》（GB 50074—2014）对重大危险源场所消防通道设置规定要求如下：

（1）《石油化工企业设计防火标准（2018 年版）》（GB 50160—2008）的相关规定如下：

1）装置或联合装置、液化烃罐组、总容积大于或等于 120 000 m³ 的可燃液体罐组、总容积大于或等于 120 000 m³ 的 2 个或 2 个以上可燃液体罐组应设环形消防车道。可燃液体储罐区、可燃气体储罐区、装卸区及化学危险品仓库区应设环形消防车道，当受地形条件限制时，也可设有回车场的尽头式消防车道。消防车道的路面宽度应不小于 6 m，路面内缘转弯半径不宜小于 12 m，路面上净空高度应不低于 5 m。占地面积大于 80 000 m² 的装置或联合装置及含有单罐容积大于 50 000 m³ 的可燃液体罐组，其周边消防车道的路面宽度应不小于 9 m，路面内缘转弯半径不宜小于 15 m。

2）装置区及储罐区的消防车道，两个路口间长度大于 300 m 时，该消防车道中段应设置供火灾施救时用的回车场地，回车场不宜小于 18 m×18 m（含道路）。

3）液化烃、可燃液体、可燃气体的罐区内，任何储罐中心距至少 2 条消防车道的距离均应不大于 120 m；当不能满足此要求时，任何储罐中心与最近的消防车道之间的距离应不大于 80 m，且最近的消防车道路面宽度应不小于 9 m。

(2)《石油库设计规范》（GB 50074—2014）的相关规定如下：

1）地上储罐组消防车道的设置应符合下列规定：

①储罐总容量大于或等于 120 000 m³ 的单个罐组应设环行消防车道。

②多个罐组共用 1 个环行消防车道时，环行消防车道内的罐组储罐总容量应不大于 120 000 m³。

③同一个环行消防车道内相邻罐组防火堤外堤脚线之间应留有宽度不小于 7 m 的消防空地。

④总容量大于或等于 120 000 m³ 的罐组，至少应有 2 个路口能使消防车辆进入环形消防车道，并宜设在不同的方位上。

2）除丙$_B$类液体储罐和单罐容量小于或等于 100 m³ 的储罐外，储罐应至少与 1 条消防车道相邻。储罐中心至少与 2 条消防车道的距离均应不大于 120 m；条件受限时，储罐中心与最近一条消防车道之间的距离应不大于 80 m。

3）储罐组周边的消防车道路面标高宜高于防火堤外侧地面的设计标高 0.5 m 及以上。位于地势较高处的消防车道的路堤高度可适当降低，但不宜小于 0.3 m。

4）一级石油库储罐区和装卸区的消防车道宽度应不小于 9 m，其中路面宽度应不小于 7 m；覆土立式油罐和其他级别石油库的储罐区、装卸区消防车道的宽度应不小于 6 m，其中路面宽度应不小于 4 m；单罐容积大于或等于 100 000 m³ 的储罐区消防车道的宽度应按现行国家标准《石油储备库设计规范》（GB 50737—2011）的有关规定执行。

5）消防车道的净空高度应不小于 5 m，转弯半径不宜小于 12 m。

6）尽头式消防车道应设置回车场。两个路口间的消防车道长度大于 300 m 时，应在该消防车道的中段设置回车场。

二、消防设施配置要求

1. 对重大危险源场所消防水源配置要求有哪些？

《石油化工企业设计防火标准（2018 年版）》（GB 50160—2008）对重大危险源场所消防水源配置要求包括以下几个方面：

（1）当消防用水由工厂水源直接供给时，工厂给水管网的进水管应不少于 2 条。当其中 1 条发生故障时，另 1 条应能满足 100% 的消防用水和 70% 的生产、生活用水总量的要求。消防用水由消防水池（罐）供给时，工厂给水管网的进水管应能满足消防水池（罐）的补充水和 100% 的生产、生活用水总量的要求。

（2）当厂区面积超过 2 000 000 m² 时，消防供水系统的设置应符合下列规定：

1）宜按面积分区设置独立的消防供水系统，每套供水系统保护面积不宜超过 2 000 000 m²。

2）每套消防供水系统的最大保护半径不宜超过 1 200 m。

3）每套消防供水系统应根据其保护范围，确定消防用水量。

4）分区独立设置的相邻消防供水系统管网之间应设不少于 2 根带切断阀的连通管，并应满足当其中一个分区发生故障时，相邻分区能够提供 100% 消防供水量。

（3）工厂水源直接供给不能满足消防用水量、水压和火灾延续时间内消防用水总量要求时，应建消防水池（罐）。

2. 对重大危险源场所消防泵房及消防泵配置要求有哪些？

《石油化工企业设计防火标准（2018 年版）》（GB 50160—2008）对消防泵房及消防泵配置规定如下：

（1）消防水泵房宜与生活或生产水泵房合建，其耐火等级应不低于二级。

（2）消防水泵应采用自灌式引水系统。当消防水池处于低液位不能保证消防水泵再次自灌启动时，应设辅助引水系统。

（3）消防水泵、稳压泵应分别设置备用泵，备用泵的能力不得小于最大一台泵的能力。

（4）消防水泵应在接到报警后 2 min 以内投入运行。稳高压消防给水系统的消防水泵应能依靠管网压降信号自动启动。

（5）消防水泵应设双动力源。当采用柴油机作为动力源时，柴油机的油料储备量应能满足机组对重大危险源场所连续运转 6 h 的要求。

3. 对重大危险源场所消防水池（罐）的配置要求有哪些？

《石油化工企业设计防火标准（2018 年版)》（GB 50160—2008）对消防水池（罐）配置规定如下：

（1）水池（罐）的容量应满足火灾延续时间内消防用水总量的要求。当发生火灾能保证向水池（罐）连续补水时，其容量可减去火灾延续时间内的补充水量。

（2）水池（罐）的总容量大于 1 000 m^3 时，应分隔成 2 个，并设带切断阀的连通管。

（3）水池（罐）的补水时间不宜超过 48 h。

（4）当消防水池（罐）与生活或生产水池（罐）合建时，应有消防用水不作他用的措施。

（5）寒冷地区应设防冻措施。

（6）消防水池（罐）应设液位检测、高低液位报警及自动补水设施。

4. 对重大危险源场所灭火器的配置要求有哪些？

（1）《石油化工企业设计防火标准（2018 年版)》（GB 50160—2008）对灭火器配置规定如下：

1）工艺装置内手提式干粉灭火器的选型及配置应符合下列规定：

①扑救可燃气体、可燃液体火灾宜选用钠盐干粉灭火剂，扑救可燃固体表面火灾应采用磷酸铵盐干粉灭火剂，扑救烷基铝类火灾宜采用 D 类干粉灭火剂。

②甲类装置灭火器的最大保护距离不宜超过 9 m，乙、丙类装置不宜超

过 12 m。

③每一配置点的灭火器数量应不少于 2 个，多层构架应分层配置。

④危险的重要场所宜增设推车式灭火器。

2）可燃气体、液化烃和可燃液体的地上罐组宜按防火堤内面积每 400 m² 配置 1 个手提式灭火器，但每个储罐配置的数量不宜超过 3 个。

3）灭火器设置点的位置和数量应根据灭火器的最大保护距离确定，并应保证最不利点至少在 1 个灭火器的保护范围内。

4）灭火器应设置在明显和便于取用的地点，且不得影响安全疏散。

5）灭火器应设置稳固，其铭牌必须朝外。

6）手提式灭火器宜设置在挂钩、托架上或灭火器箱内，其顶部离地面高度应小于 1.50 m，底部离地面高度不宜小于 0.15 m。

7）灭火器不应设置在潮湿或强腐蚀性的地点，当必须设置时，应有相应的保护措施。设置在室外的灭火器，应有保护措施。

8）灭火器不得设置在超出其使用温度范围的地点。

（2）《建筑灭火器配置设计规范》（GB 50140—2005）对构成重大危险源的仓库及室内生产装置灭火器的配备要求如下：

1）灭火器配置场所的火灾种类可划分为以下 5 类：

A 类火灾：固体物质火灾。

B 类火灾：液体或可熔化的固体物质火灾。

C 类火灾：气体火灾。

D 类火灾：金属火灾。

E 类火灾（带电火灾）：物体带电燃烧的火灾。

2）A 类火灾场所应选择水型灭火器、磷酸铵盐干粉灭火器、泡沫灭火器或卤代烷灭火器。

B 类火灾场所应选择泡沫灭火器、碳酸氢钠干粉灭火器、磷酸铵盐干粉灭火器、二氧化碳灭火器、灭 B 类火灾的水型灭火器或卤代烷灭火器。极性溶剂的 B 类火灾场所应选择灭 B 类火灾的抗溶性灭火器。

C 类火灾场所应选择磷酸铵盐干粉灭火器、碳酸氢钠干粉灭火器、二氧化碳灭火器或卤代烷灭火器。

D 类火灾场所应选择扑灭金属火灾的专用灭火器。

E 类火灾场所应选择磷酸铵盐干粉灭火器、碳酸氢钠干粉灭火器、卤代烷灭火器或二氧化碳灭火器，但不得选用装有金属喇叭喷筒的二氧化碳灭火器。

3）各类火灾场所灭火器的最低配置基准应符合表 2-15 和表 2-16 的规定。

表 2-15　　　　　　　　A 类火灾场所灭火器的最低配置基准

危险等级	严重危险级	中危险级	轻危险级
单具灭火器最小配置灭火级别	3A	2A	1A
单位灭火级别最大保护面积/（m^2/A）	50	75	100

表 2-16　　　　　　　　B、C 类火灾场所灭火器的最低配置基准

危险等级	严重危险级	中危险级	轻危险级
单具灭火器最小配置灭火级别	89B	55B	21B
单位灭火级别最大保护面积/（m^2/B）	0.5	1.0	1.5

5. 对重大危险源场所消火栓的配置要求有哪些?

《石油化工企业设计防火标准（2018 年版）》（GB 50160—2008）对消火栓配置规定如下：

（1）消火栓宜沿道路敷设。

（2）消火栓距路面边不宜大于 5 m，距建筑物外墙不宜小于 5 m。

（3）地上式消火栓的大口径出水口应面向道路。当其设置场所有可能受到车辆冲撞时，应在其周围设置防护设施。

（4）地下式消火栓应有明显标志。

（5）消火栓的保护半径应不超过 120 m。

（6）大型石化企业的主要装置区、罐区，宜增设大流量消火栓。

（7）罐区及工艺装置区的消火栓应在其四周道路边设置，消火栓的间距不宜超过 60 m。当装置内设有消防车道时，应在车道边设置消火栓。距被保护对象 15 m 以内的消火栓不应计算在该保护对象可使用的数量之内。

（8）与生产或生活用水合用的消防给水管道上的消火栓应设切断阀。

6. 对重大危险源场所消防炮的配置要求有哪些?

根据《固定消防炮灭火系统设计规范》（GB 50338—2003）等相关规定，消

防水炮的配置要求如下：

（1）系统选用的灭火剂应和保护对象相适应，并应符合下列规定：

1）泡沫炮系统适用于甲、乙、丙类液体、固体可燃物火灾场所。

2）干粉炮系统适用于液化石油气、天然气等可燃气体火灾场所。

3）水炮系统适用于一般固体可燃物火灾场所。

4）水炮系统和泡沫炮系统不得用于扑救遇水发生化学反应而引起燃烧、爆炸等物质的火灾。

（2）设置在下列场所的固定消防炮灭火系统宜选用远控炮系统：

1）有爆炸危险性的场所。

2）有大量有毒气体产生的场所。

3）燃烧猛烈，产生强烈辐射热的场所。

4）火灾蔓延面积较大，且损失严重的场所。

5）高度超过 8 m 且火灾危险性较大的室内场所。

6）发生火灾时灭火人员难以及时接近或撤离固定消防炮位的场所。

（3）消防炮塔的布置应符合下列规定：

1）甲、乙、丙类液体储罐区，液化烃储罐区和石化生产装置的消防炮塔高度的确定，应使消防炮对被保护对象实施有效保护。

2）消防炮塔的周围应留有供设备维修用的通道。

7. 哪些重大危险源场所应配备泡沫灭火系统？

根据《石油化工企业设计防火标准（2018 年版）》（GB 50160—2008）的规定，下列场所应采用固定式泡沫灭火系统：

（1）甲、乙类和闪点等于或低于 90 ℃ 的丙类可燃液体的固定顶罐及浮盘为易熔材料的内浮顶罐：单罐容积等于或大于 10 000 m³ 的非水溶性可燃液体储罐、单罐容积等于或大于 500 m³ 的水溶性可燃液体储罐。

（2）甲、乙类和闪点等于或低于 90 ℃ 的丙类可燃液体的浮顶罐及浮盘为非易熔材料的内浮顶罐：单罐容积等于或大于 50 000 m³ 的非水溶性可燃液体储罐、单罐容积等于或大于 1 000 m³ 的水溶性可燃液体储罐。

下列场所可采用移动式泡沫灭火系统：罐壁高度小于 7 m 或容积等于或小于 200 m³ 的非水溶性可燃液体储罐，润滑油储罐，可燃液体地面流淌火灾、油池火灾。

8. 对重大危险源场所火灾报警系统配置要求是如何规定的？

《石油化工企业设计防火标准（2018 年版）》（GB 50160—2008）对火灾报警系统配置规定如下：

（1）生产区、公用工程及辅助生产设施、全厂性重要设施和区域性重要设施等火灾危险性场所应设置区域性火灾自动报警系统。

（2）2 套及 2 套以上的区域性火灾自动报警系统宜通过网络集成为全厂性火灾自动报警系统。

（3）火灾自动报警系统应设置警报装置。当生产区有扩音对讲系统时，可兼作警报装置；当生产区无扩音对讲系统时，应设置声光警报器。

（4）区域性火灾报警控制器应设置在该区域的控制室内；当该区域无控制室时，应设置在 24 小时有人值班的场所，其全部信息应通过网络传输到中央控制室。

（5）甲、乙类装置区周围和罐组四周道路边应设置手动火灾报警按钮，其间距不宜大于 100 m。

（6）单罐容积大于或等于 30 000 m³ 的浮顶罐的密封圈处应设置火灾自动报警系统，单罐容积大于或等于 10 000 m³ 并小于 30 000 m³ 的浮顶罐的密封圈处宜设置火灾自动报警系统。

（7）火灾自动报警系统的 220 V AC（交流电）主电源应优先选择不间断电源（UPS）供电。直流备用电源应采用火灾报警控制器的专用蓄电池，应保证在主电源发生故障时持续供电时间不少于 8 h。

（8）火灾自动报警系统可接收电视监视系统（CCTV）的报警信息，重要的火灾报警点应同时设置电视监视系统。

（9）重要的火灾危险场所应设置消防应急广播。当使用扩音对讲系统作为消防应急广播时，应能切换至消防应急广播状态。

（10）全厂性消防控制中心宜设置在中央控制室或生产调度中心，宜配置可显示全厂消防报警平面图的终端。

❓ 思考题

1. 液化烃罐区消防冷却水、固定式消防冷却水管道应如何设置？

2. 烷基铝类催化剂配制区发生火灾后应如何开展应急处置？

第三章
重大危险源安全生产技术

第一节　重大危险源外部安全防护距离

一、外部安全防护距离的意义

1. 什么是外部安全防护距离？确定外部安全防护距离的意义是什么？

根据《危险化学品生产装置和储存设施外部安全防护距离确定方法》（GB/T 37243—2019），外部安全防护距离是指为了预防和减缓危险化学品生产装置和储存设施潜在事故（火灾、爆炸和中毒等）对厂外防护目标的影响，在装置和设施与防护目标之间设置的距离或风险控制线。外部安全防护距离的定义，主要考虑的是在事故状态下，危险化学品装置、设施周边人员密集场所内的人身安全。外部安全防护距离的"外部"两字，主要针对危险源或企业外部设施，不包括企业内部设施之间的安全距离。

近年来，我国发生了江苏响水天嘉宜化工有限公司"3·21"特别重大爆炸事故、天津港瑞海公司"8·12"特别重大火灾爆炸事故等重大影响事故，引起了强烈的社会关注。通过分析发现，这些事故造成周边人员伤亡和财产损失的原因多是设备设施、危险化学品仓库等与周边区域的外部安全防护距离设置不足，存在装置与周边居民区、公共基础设施预留的外部安全防护距离过小，以及危险设施布局不合理等问题。随着我国城市化进程的加快，化工企业外部安全防护距离的确定成为从源头上避免重特大事故发生、减轻事故后果严重程度一个研究课题。

化工企业设置合理的外部安全防护距离，主要是为避免事故造成重大人员伤亡和财产损失而设定的缓冲距离，是保障周边区域人员生命和财产安全以及减小事故后果影响范围的重要措施，能保障在火灾、爆炸、有毒物质泄漏等情况下更好地进行预判，为人员采取应急救援行动争取更多的时间。

2. 外部安全防护距离和风险基准的由来是什么？

2011 年之前，安全防护距离的确定大多依据 GB 50160、GB 50016、GB 50074 等国家标准，并结合专家判断、以往事故案例、类似工厂运行经验等确定，没有统一的定量计算标准。

2014 年 5 月，《危险化学品生产、储存装置个人可接受风险标准和社会可接受风险标准（试行）》[以下简称《标准（试行）》]出台，要求建设项目在安全评估/评价报告中进行外部安全防护距离的计算。针对爆炸品、重点监管和非重点监管 3 类危险化学品装置，《标准（试行）》提出采用 3 种不同的方法计算外部安全防护距离，但并未明确指出这样的距离应强制执行。

2015 年 4 月，国家明确要求危险化学品企业的外部安全防护距离应根据《标准（试行）》确定，这样就使其具有了强制性。

在我国危险化学品安全生产的严峻形势下，《危险化学品生产装置和储存设施风险基准》（GB 36894—2018）和《危险化学品生产装置和储存设施外部安全防护距离确定方法》（GB/T 37243—2019）陆续发布，明确了危险化学品生产装置和储存设施个人风险和社会风险的可接受风险基准值，适用于危险化学品生产装置、储存设施选址和周边土地使用规划时的风险判定。这就使危险化学品生产装置和储存设施外部安全防护距离的确定有了国家标准，确定方法也更为科学、严谨。

二、外部安全防护距离的应用

1. 外部安全防护距离的确定方法有哪些?

根据《危险化学品生产装置和储存设施外部安全防护距离确定方法》(GB 37243—2019),危险化学品生产装置及储存设施外部安全防护距离的确定,主要采用事故后果法、定量风险评价法,或者执行相关标准规范有关距离的要求。

涉及爆炸物(列入《危险化学品目录》及《危险化学品分类信息表》的所有爆炸物)的危险化学品生产装置和储存设施采用事故后果法确定外部安全防护距离。危险化学品生产装置和储存设施涉及有毒气体或可燃气体,且其设计最大量与《危险化学品重大危险源辨识》(GB 18218—2018)中规定的临界量相比,比值之和大于或等于1时,采用定量风险评价法,通过定量分析和计算事故频率及事故后果,采用可接受的风险基准来确定外部安全防护距离。除此以外的危险化学品生产装置和储存设施的外部安全防护距离应满足相关标准规范的要求。

2. 如何解决外部安全防护距离不足的问题?

外部安全防护距离不足时,一旦发生事故,巨大的人员伤亡和财产损失会远远超出企业和社会的可承受程度。针对外部安全防护距离不足的问题,解决措施如下:

(1)转移危险化学品生产装置、储存设施的地点。将危险化学品生产装置转移至周边或者专业的化学工业园区,远离学校、村庄等各类防护目标,或将涉及危险化学品的工段或者储存设施外包给下游生产企业。例如,取消厂内的危险化学品仓库,将危险化学品储存至外包仓库或者由原料供应商根据生产周期定期运送至厂内,这样可以在保留企业的同时,彻底消除危险化学品生产装置、储存设施对防护目标的威胁。

(2)降低系统在线储存量。企业根据相应生产装置、储存设施在用情况,会同生产、设备、工艺、安全和供应商等多个部门对现有装置进行分析,对外部需求和现有的物料平衡进行重新计算,更换催化剂,提高反应收率;梳理设备,减少不必要的中间罐、中间槽等,尽可能地减少危险化学品在线量。对于储存设施，可根据生产使用情况与供货商供给情况重新核算储存周期，在不影响正常生产的情况下，减少危险化学品的储存量，采取定点存放的方法，进一步减少危险化学品储存不规范的情况。

（3）不断加大安全设施投入力度，提升系统本质安全度。企业在现有危险化学品生产装置、储存设施满足国家基本法律法规、规章和各类标准的要求下，通过采取预防性检维修的手段，进一步提高各类设备设施运转的可靠性，同时加大安全投入，不断增加、改善、提升泄漏检测装置、安全仪表系统、安全联锁装置、安全泄放装置和安全回收装置，在出现事故征兆时，立即采取相应的安全措施控制事故，以及在事故发生后采取不至于导致事件扩大的措施，提升系统安全可靠性。在安全设备设施不断改善的同时，可通过定性安全评价的方式（事故树、事件数）计算事故发生的概率。在外部安全防护距离计算过程中，在采取安全措施并进行定量评价后，可通过降低事故发生概率的方式降低个人风险和社会风险。

❓ 思考题

1. 危险化学品生产装置和储存设施外部安全防护距离的确定依据是什么？
2. 外部安全防护距离的确定方法有哪些？适用对象有什么不同？

第二节　个人风险和社会风险

一、个人风险

1. 什么是个人风险？

根据《危险化学品生产装置和储存设施风险基准》（GB 36894—2018）第

2.1 条的规定，个人风险是假设人员长期处于某一场所且无保护，由于发生危险化学品事故而导致的死亡频率，单位为次/年。

2. 个人可接受风险基准是如何确定的？

个人可接受风险基准由各年龄段死亡率最低值乘以风险控制系数得出。中国、英国、荷兰、澳大利亚、马来西亚、新加坡等不同国家均根据国情和地方情况制定了个人风险基准。其中，对新建装置或储存设施的基准值均比在役装置严格。《危险化学品生产装置和储存设施风险基准》（GB 36894—2018）将个人风险基准值执行范围从新建生产装置或储存设施扩展到新建、改建、扩建 3 类建设项目；将防护目标分为高敏感、重要、一般 3 种；对一般防护目标中医院、居住区、商业区等 11 个场景，根据总建筑面积、高峰时人员数量划分为 3 类。

危险化学品生产装置和储存设施周边防护目标所承受的个人风险应不超过表 3-1 中个人风险基准的要求。

表 3-1　　　　　　　　　　个人风险基准

防护目标	个人风险基准/（次/年）	
	危险化学品新建、改建、扩建生产装置和储存设施	危险化学品在役生产装置和储存设施
高敏感防护目标、重要防护目标、一般防护目标中的一类防护目标	$\leqslant 3\times10^{-7}$	$\leqslant 3\times10^{-6}$
一般防护目标中的二类防护目标	$\leqslant 3\times10^{-6}$	$\leqslant 1\times10^{-5}$
一般防护目标中的三类防护目标	$\leqslant 1\times10^{-5}$	$\leqslant 3\times10^{-5}$

二、社会风险

1. 什么是社会风险？

根据《危险化学品生产装置和储存设施风险基准》（GB 36894—2018）第 2.2 条的规定，社会风险是群体（包括周边企业员工和公众）在危险区域承受某种程度伤害的频发程度，通常表示为大于等于 N 人死亡的事故累计频率（F），以累计频率和死亡人数之间关系的曲线图来表示。

2. 社会可接受风险基准是如何确定的？

社会可接受风险基准用累积频率和死亡人数之间的关系曲线表示。我国从

2011 年制定社会风险基准以来，采用的是中国（香港）的社会可接受风险基准，并根据国情于 2018 年扩展了不可接受区范围，对可能造成 1 000 人死亡的社会风险实行零容忍。

三、降低风险的措施

风险控制措施的内容有哪些？

风险控制措施有工程控制措施、安全管理措施、培训教育措施、个体防护措施、应急处置措施等。

（1）工程控制措施。这类措施包括：消除或减弱危害，即通过对装置、设备设施、工艺等的设计来消除危险源，如采用机械提升装置以消除手举或提重物这一危险行为等；替代，用低危害物质替代高危害物质或降低系统能量，如较低的动力、电流、电压、温度等；封闭，对产生或导致危害的设施或场所进行密闭；隔离，通过隔离带、栅栏、警戒绳等把人与危险区域隔开，采用隔声罩以降低噪声等；移开或改变方向，如改变危险及有毒气体的排放口。

工程控制措施示例：重大危险源配备温度、压力、液位、流量、组分等信息的不间断采集和监测系统以及可燃气体和有毒有害气体泄漏检测报警装置，一级或者二级重大危险源具备紧急停车功能等。

（2）安全管理措施。这类措施包括制定并实施作业程序、安全许可、安全操作规程等，减少暴露时间（如异常温度或有害环境），监测监控（尤其是使用高毒物料），警报和警示信号，安全互助体系，培训，风险转移（共担）。

安全管理措施示例：定期对重大危险源的安全设施和安全监测监控系统进行检测、检验，并进行经常性维护、保养，确保重大危险源的安全设施和安全监测监控系统有效、可靠运行；对重大危险源的安全生产状况进行定期检查，及时采取措施消除事故隐患。

（3）培训教育措施。这类措施包括入厂三级安全培训教育、特种作业人员培训、特种设备作业人员培训、操作规程培训、法律法规培训、班前班后会、班组活动、安全知识竞赛等。

　　培训教育措施示例：对重大危险源的管理和操作岗位人员进行安全操作技能培训，使其了解重大危险源的危险特性，熟悉重大危险源安全管理规章制度和安全操作规程，掌握本岗位的安全操作技能和应急措施。

　　（4）个体防护措施。劳动防护用品包括防护服、耳塞、听力防护罩、防护眼镜、防护手套、绝缘鞋、呼吸器等。当工程控制措施不能消除或减弱危险、有害因素时，均应采取个体防护措施。当处置异常或紧急情况时，应考虑佩戴劳动防护用品。当发生变更，但风险控制措施还没有及时到位时，应考虑佩戴劳动防护用品。

　　个体防护措施示例：对存在吸入性有毒、有害气体的重大危险源，应当配备便携式浓度检测设备、空气呼吸器、化学防护服、堵漏器材等应急救援器材和设备；涉及剧毒气体的重大危险源，还应当配备2套以上（含本数）气密型化学防护服。

　　（5）应急处置措施。这类措施包括紧急情况分析，应急方案、现场处置方案的制定，应急物资的准备；通过应急演练、培训等措施，确认和提高相关人员的应急能力，以防止和减少不良后果。

　　应急处置措施示例：制订重大危险源事故应急预案演练计划，并按照要求进行事故应急预案演练。对重大危险源专项应急预案，每年至少进行一次；对重大危险源现场处置方案，每半年至少进行一次。

❓ 思考题

　　个人和社会可接受风险基准是如何确定的？

第三节　重大危险源设备设施管理

一、重大危险源主要设备类别及安全附件

1. 化工企业常用储罐有哪些？

化工企业常用储罐按形状和结构特征可分为立式圆柱形罐、卧式圆柱形罐和特殊形状罐。立式圆柱形钢制油罐是目前应用范围较广的一种储罐，主要有立式拱顶罐、浮顶罐和内浮顶罐。压力储罐主要为球罐。

（1）立式拱顶罐。立式拱顶罐因具有容易施工、造价低、节省钢材等优点而得到了广泛应用。它由带弧形的罐顶、圆柱形罐壁及平罐底组成。由于罐顶以下的气相空间大，油品的蒸发损耗会加大，所以立式拱顶罐多用于储存挥发性较低的化学品。对于挥发性较高的化学品，应在氮气密封的条件下储存。

（2）浮顶罐。浮顶罐又称为外浮顶罐，是带有浮顶、上部敞口的立式圆柱形罐，它利用浮顶把液面和大气隔开，因而大大减少了化学品的蒸发损耗，降低了化学品挥发对大气环境的污染，并减小了火灾危险性。浮顶罐的浮顶与罐壁间是相对运动的，因此浮顶罐罐壁圈板间的焊接方式应采用对接式，确保罐内壁平滑，以利于浮顶上下运动顺畅。浮顶罐是敞口容器，为使储罐在风载作用下保持其圆度，避免罐壁出现局部失稳，即局部被风吹瘪现象，常在浮顶罐罐壁的顶圈设置抗风圈。

（3）内浮顶罐。内浮顶罐是装有浮顶的拱顶罐。它兼有拱顶罐防雨、防尘和浮顶罐降低蒸发损耗的优点，因而在化工企业中多用于储存汽油、溶剂油、甲醇、MTBE（甲基叔丁基醚）等品质较高的易挥发油品。

（4）卧罐。卧式圆柱形储罐一般简称卧罐。与立式圆柱形储罐相比，卧罐的容量小，承压范围大，广泛被用作各种生产过程中的工艺容器。卧罐可用于储存各种油料和化工产品，如汽油、柴油、液化石油气、丙烷、丙烯等。卧罐的结构包括筒体和封头，通常卧罐放置在两个对称的马鞍形支座上。卧罐的封头种类较多，常用的有平封头和蝶形封头。平封头卧罐承压能力较低，一般用作常压储罐。蝶形封头受力状态好，常用作压力容器。卧罐作为一般化学品储罐时，其附件一般有进出物料管、人孔、量油孔、排污—放水管、呼吸阀或通压管等，其作用与立式储罐相同。卧罐作为压力容器储存高蒸气压产品时，应密闭储存，其附件设置与球罐类似。

（5）球罐。球罐是一种压力储罐，在化工企业中被广泛应用于储存液化气体和其他低沸点油品。球罐由球壳、支柱、拉杆、顶部操作台及球罐附件组成。

（6）全防罐。全防罐是由内罐和外罐组成的储罐。其内罐和外罐都能适应储存低温冷冻液体，内、外罐之间的距离为1～2 m，罐顶由外罐支撑。在正常操作条件下，内罐储存低温冷冻液体；外罐既能储存冷冻液体，又能限制内罐泄漏液体所产生的气体排放。

2. 压力容器的定义是什么？压力容器的类别如何划分？

（1）压力容器的定义。按照《固定式压力容器安全技术监察规程》（TSG 21—2016）的规定，固定式压力容器是指《特种设备目录》所定义的同时具备以下条件的压力容器：

1）工作压力[①]大于或者等于0.1 MPa。

2）容积[②]大于或者等于0.03 m³并且内直径（非圆形截面指截面内边界最大几何尺寸）大于或者等于150 mm。

3）盛装介质为气体、液化气体以及介质最高工作温度高于或者等于其标准沸点的液体（容器内介质为最高工作温度低于其标准沸点的液体时，如果气相空间的容积大于或者等于0.03 m³时，也属于压力容器）。

---

① 工作压力是指在正常工作情况下，压力容器顶部可能达到的最高压力（表压力）。
② 容积是指压力容器的几何容积，即图样标注的尺寸计算（不考虑制造公差）。

（2）压力容器类别的划分。压力容器的分类应当根据介质特征，按照以下要求选择分类图，再根据设计压力 p（单位为 MPa）和容积 V（单位 m³），标出坐标点，确定压力容器类别。

1）第一组介质（毒性危害程度为极度、高度危害的化学介质①，易爆介质②，液化气体），压力容器分类如图 3-1 所示。

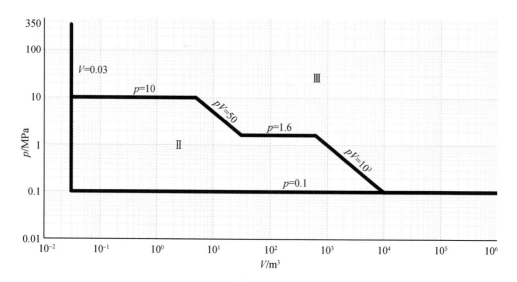

图 3-1　压力容器分类——第一组介质

2）第二组介质（除第一组以外的介质）压力容器分类如图 3-2 所示。

3. 压力容器使用登记的要求有哪些？压力容器的安全状况等级和检验周期是如何确定的？

（1）压力容器使用登记的要求。根据《固定式压力容器安全技术监察规程》（TSG 21—2016）的规定，使用单位应当按照规定在压力容器投入使用前或者投入使用后 30 日内，向所在地负责特种设备使用登记的部门（以下简称使用登记机关）申请办理特种设备使用登记证。新装压力容器登记时，应向登记单位提供

---

① 综合考虑急性毒性、最高容许浓度和职业性慢性危害等因素，极度危害介质最高容许浓度小于 0.1 mg/m³，高度危害介质最高容许浓度为 0.1~1.0 mg/m³，中度危害介质最高容许浓度为 1.0~10 mg/m³，轻度危害介质最高容许浓度大于或者等于 10 mg/m³。

② 易爆介质指气体或者液体的蒸气、薄雾与空气混合形成的爆炸混合物，并且其爆炸下限小于 10%，或者爆炸上限和爆炸下限的差值大于或者等于 20% 的介质。

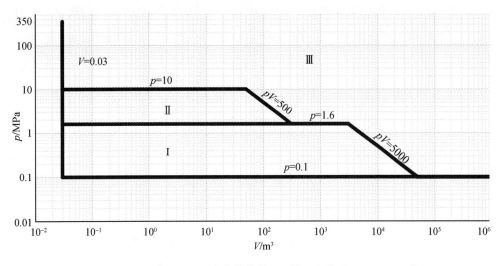

图 3-2　压力容器分类——第二组介质

符合《固定式压力容器安全技术监察规程》（TSG 21—2016）相关规定的设计、制造、安装和监督检验资料。

（2）办理使用登记时，安全状况等级和首次定期检验日期按照以下要求确定：

1）使用登记机关确认制造资料齐全的新压力容器，其安全状况等级为 1 级；进口压力容器安全状况等级由实施进口压力容器监督检验的特种设备检验机构评定。

2）压力容器首次定期检验日期按照《固定式压力容器安全技术监察规程》（TSG 21—2016）有关规定确定，产品标准或者使用单位认为有必要缩短检验周期的除外；特殊情况，需要延长首次定期检验日期时，由使用单位提出书面申请并说明情况，经使用单位安全管理负责人批准，可适当延长。

（3）金属压力容器检验周期。金属压力容器一般于投入使用后 3 年内进行首次定期检验。以后的检验周期由检验机构根据压力容器的安全状况等级，按照以下要求确定：

1）安全状况等级为 1 级、2 级的，一般每 6 年检验一次。

2）安全状况等级为 3 级的，一般每 3~6 年检验一次。

3）安全状况等级为4级的，监控使用，其检验周期由检验机构确定，累计监控使用时间不得超过3年。在监控使用期间，使用单位应当采取有效的监控措施。

4）安全状况等级为5级的，应当对缺陷进行处理，否则不得继续使用。

4. 压力容器的无损检测方法都有哪些？

压力容器的无损检测方法有射线检测、超声检测、磁粉检测、渗透检测、涡流检测、泄漏检测、目视检测、声发射检测、衍射时差法超声检测、X射线数字成像检测、漏磁检测和脉冲涡流检测等。

5. 压力容器的月度检查和年度检查各有哪些要求？

按照《固定式压力容器安全技术监察规程》（TSG 21—2016）的规定，压力容器定期自行检查包括压力容器的月度检查和年度检查。

（1）压力容器月度检查要求。使用单位每月对所使用的压力容器至少进行1次月度检查，并且应当记录检查情况；当年度检查与月度检查时间重合时，可不再进行月度检查。月度检查内容主要为压力容器本体及其安全附件、装卸附件、安全保护装置、测量调控装置、附属仪器仪表是否完好，各密封面有无泄漏，以及其他异常情况等。

（2）压力容器年度检查要求。使用单位每年对所使用的压力容器至少进行1次年度检查。年度检查工作完成后，应当进行压力容器使用安全状况分析，并且及时消除年度检查中发现的隐患。年度检查工作可以由压力容器使用单位安全管理人员组织经过专业培训的作业人员进行，也可以委托有资质的特种设备检验机构进行。检查内容如下：

1）压力容器的安全管理制度是否齐全有效。

2）《固定式压力容器安全技术监察规程》（TSG 21—2016）规定的设计文件、竣工图样、产品合格证、产品质量证明文件、安装及使用维护保养说明、监检证书以及安装、改造、修理资料等是否完整。

3）特种设备使用登记证、特种设备使用登记表是否与实际相符。

4）压力容器日常维护保养、运行记录及定期安全检查记录是否符合要求。

5）压力容器年度检查、定期检验报告是否齐全，检查、检验报告中所提出的问题是否得到解决。

6）安全附件及仪表的校验（检定）、修理和更换记录是否齐全真实。

7）是否有压力容器应急专项预案和演练记录。

8）是否对压力容器事故、故障情况进行了记录。

6. 压力容器的检修周期是怎么规定的？在压力容器检修前重点检查的内容是什么？

（1）按照《固定式压力容器安全技术监察规程》（TSG 21—2016）的要求安排压力容器的外部检查及内外部检验，根据检查、检验结果，结合装置检修情况确定检修周期。

（2）在压力容器检修前重点检查的内容如下：

1）检查以宏观检查、壁厚测定、内表面检测为主，必要时可采用其他无损检测方法。

2）检查内外表面的腐蚀和机械损伤。采取定点测厚手段，检查壁厚是否减薄。

3）检查结构及几何尺寸是否符合规定。

4）检查材质是否符合规定，检查焊缝有无埋藏缺陷。

5）检查法兰密封面有无裂纹。检查紧固螺栓的完好情况，对重复使用的螺栓应逐个清洗，检查其损伤情况，必要时进行表面无损检测。应重点检查螺纹及过渡部位有无环向裂纹。

6）检查支承或支座的损坏，大型容器的基础下沉、倾斜及开裂。

7）检查保温层、隔热层、衬里有无破损，堆焊层有无剥离。

8）检查安全附件是否灵敏、可靠。

7. 压力容器技术档案包括哪些内容？

（1）特种设备使用登记证。

（2）特种设备使用登记表。

（3）特种设备设计、制造技术资料和文件，包括设计文件、产品质量合格证明（含合格证、质量证明书）、安装及使用维护保养说明、监督检验证书等。

（4）特种设备安装、改造和修理的方案，材料质量证明书和施工质量证明文件，安装、改造、修理监督检验报告及验收报告等技术资料。

（5）特种设备定期自行检查记录（报告）和定期检验报告。

（6）特种设备日常使用状况记录。

（7）特种设备及其附属仪器仪表维护保养记录。

（8）特种设备安全附件和安全保护装置校验、检修、更换记录和有关报告。

（9）特种设备运行故障和事故记录及事故处理报告。

8. 安全阀选型的注意事项有哪些?

（1）应选用全启式安全阀。

（2）下列情况应选用平衡波纹管式安全阀：

1）安全阀的背压高于其整定压力的 10%，而低于 30%的。

2）泄放气体具有腐蚀性、易结垢、易结焦的特点，会影响安全阀弹簧的正常工作的。

（3）安全阀的背压高于其整定压力的 30%及以上时，应选用先导式安全阀。对泄放有毒气体的安全阀，应选用不流动式导阀。

（4）储存甲类液体的压力储罐，当其不能承受所出现的负压时，应采取防真空措施。

（5）易聚合的物料储罐的安全阀前设爆破片，在爆破片和安全阀排出管道上应有充氮接管。

9. 安全阀检查的内容是什么? 安全阀的检验周期如何确定?

（1）安全阀检查至少包括以下内容：

1）选型是否正确。

2）是否在校验有效期内使用。

3）杠杆式安全阀防止重锤自由移动和杠杆越出的装置是否完好，弹簧式安全阀调整螺钉的铅封装置是否完好，静重式安全阀防止重片飞脱的装置是否完好。

4）如果安全阀和排放口之间装设了截止阀，截止阀是否处于全开位置及铅封是否完好。

5）安全阀是否泄漏。

6）放空管是否通畅，防雨帽是否完好。

（2）安全阀的检验周期应按以下原则确定：

1）基本要求：安全阀一般每年至少校验一次。

2）弹簧直接载荷式安全阀满足以下条件时，其校验周期最长可以延长至3年：

①安全阀制造单位能提供证明，证明其所用弹簧按照《弹簧直接载荷式安全阀》（GB/T 12243—2021）进行了强压处理或者加温强压处理，并且同一热处理炉同规格的弹簧取10%（但不得少于2个）测定规定负荷下的变形量或者刚度，测定值的偏差不大于15%的。

②安全阀内件材料耐介质腐蚀的。

③安全阀在正常使用过程中未发生过开启的。

④压力容器及其安全阀阀体在使用时无明显锈蚀的。

⑤压力容器内盛装非黏性并且毒性危害程度为中度及中度以下介质的。

⑥使用单位建立、实施了健全的设备使用、管理与维护保养制度，并且有可靠的压力控制与调节装置或者超压报警装置的。

⑦使用单位建立了符合要求的安全阀校验站，具有安全阀校验能力的。

3）校验周期可以延长至5年的情形。弹簧直接载荷式安全阀在满足2）中第②、③、④、⑥、⑦项的条件下，同时满足以下条件时，其校验周期最长可以延长至5年：

①安全阀制造单位能提供证明，证明其所用弹簧按照《弹簧直接载荷式安全阀》（GB/T 12243—2021）进行了强压处理或者加温强压处理，并且同一热处理炉同规格的弹簧取20%（但不得少于4个）测定规定负荷下的变形量或者刚度，测定值的偏差不大于10%的。

②压力容器内盛装毒性危害程度为轻度（无毒）的气体介质，工作温度不高于200 ℃的。

10. 爆破片是如何分类的? 爆破片应用注意事项有哪些?

（1）爆破片分类。爆破片可分为四大类，分别是正拱形爆破片、反拱形爆破片、平板形爆破片和石墨爆破片。

正拱形爆破片分为正拱普通型爆破片、正拱开缝型爆破片、正拱带槽型爆破片。

反拱形爆破片分为反拱带刀型爆破片、反拱鳄齿型爆破片、反拱带槽型爆破片、反拱开缝型爆破片、反拱脱落型爆破片。

平板形爆破片分为平板普通型爆破片、平板开缝型爆破片、平板带槽型爆破片。

石墨爆破片分为单片可更换型石墨爆破片、整体不可更换型石墨爆破片。

爆破片示例如图 3-3 所示。

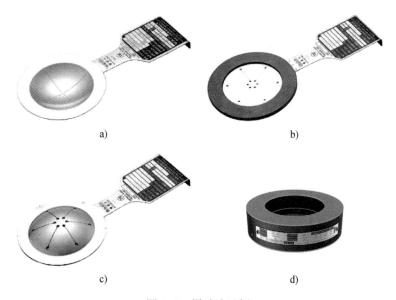

图 3-3　爆破片示例

a）反拱带槽形爆破片　b）平板开缝形爆破片　c）正拱开缝型爆破片　d）石墨爆破片

（2）爆破片应用注意事项如下:

1）符合下列条件之一的被保护承压设备，应单独使用爆破片安全装置作为超压泄放装置:

①容器内压力迅速增加，安全阀来不及反应的。

②设计上不允许容器内介质有任何微量泄漏的。

③容器内介质产生的沉淀物或黏着胶状物有可能导致安全阀失效的。

④由于低温的影响，安全阀不能正常工作的。

⑤由于泄压面积过大或泄放压力过高（低）等原因安全阀不适用的。

2）属于下列情况之一的被保护承压设备，爆破片安全装置应串联在安全阀入口侧：

①为避免因爆破片的破裂而损失大量的工艺物料或盛装介质的。

②在不能直接使用安全阀场合（如介质腐蚀、不允许泄漏等）的。

③移动式压力容器中装运毒性程度为极度、高度危害或强腐蚀性介质的。

3）若安全阀出口侧有可能被腐蚀或存在外来压力源的干扰时，应在安全阀出口侧设置爆破片安全装置，以保护安全阀的正常工作。

4）属于下列情况之一的被保护承压设备，可设置1个或多个爆破片安全装置与安全阀并联使用：

①防止在异常工况下压力迅速升高的。

②作为辅助安全泄放装置，考虑在有可能遇到火灾或接近不能预料的外来热源需要增加泄放面积的。

11. 储罐日常巡回检查的内容有哪些?

（1）检查储罐及呼吸阀有无泄漏，进出物料时罐体是否有变形、抽瘪现象。

（2）检查浮顶罐的外浮顶是否沉没，转动扶梯有无错位、脱轨现象。

（3）检查浮顶罐的排水管中是否有油，内浮顶浮盘上是否有积油，储罐基础的信号孔是否有油及水渗出现象。

（4）储罐的温度、压力、液位等指示及报警装置是否完好。

（5）检查与储罐相接的工艺管道位移情况及密封面是否有泄漏现象。

（6）检查氮封阀前后压力是否符合操作规程的规定。

（7）检查储罐基础完好情况。

（8）检查防雷接地线是否完好。

12. 常压储罐的检修周期及检修内容有哪些要求？

（1）常压储罐的检修周期。常压储罐每 2~4 年检修一次，或与装置检修同步进行。

（2）常压储罐的检修内容如下：

1）检查外部防腐或保温、保冷层（如设备有这些防护）以及铭牌等，修补损坏区域。

2）检查容器变形、凹陷、鼓包及渗漏等，修理缺陷处。

3）检查容器以及各接管连接焊缝的渗漏和裂纹等，修理缺陷处。对易产生应力腐蚀的容器焊缝，应进行表面无损检测。

4）检查容器内部衬里或防腐层的变形、腐蚀、裂纹和损坏，修理缺陷处。

5）检查容器内件及焊缝的变形、腐蚀、裂纹和损坏，修理缺陷处。

6）检查安全附件。

7）检查设备基础是否存在裂纹、破损、倾斜和下沉，修理缺陷区域。

13. 储罐技术档案主要包括哪些内容？

储罐使用单位应逐台建立储罐的技术档案并且由其管理部门统一保存。储罐技术档案至少应包括如下资料：

（1）储罐使用登记证。

（2）储罐设计、施工技术文件和资料。

（3）储罐的年度检查、定期检验及安全检查报告，以及有关检验的技术文件与相关证明资料。

（4）储罐的维修和技术改造方案、图样、材料质量证明文件、施工质量证明文件等技术资料。

（5）安全附件校验、修理和更换记录。

（6）防雷、防静电设施检查和检验记录。

（7）有关事故或隐患整治的记录资料和处理报告。

14. 储罐及附件的安全管理要求有哪些？

（1）新建或改建储罐应符合国家标准规范要求，验收合格后方可投产使用。

（2）储罐应按规范要求，安装高低液位报警、高高液位报警和自动切断联锁装置。储罐发生高低液位报警时，应到现场检查确认，采取措施，严禁随意消除报警。

（3）储罐应按规定进行检查和钢板测厚，在用储罐应视腐蚀严重情况增加检测次数。罐体应无严重变形，无渗漏。罐体铅锤的允许偏差应不大于设计高度的1%（最大限度不超过9 cm）。罐内壁平整、无毛刺，底板及第一圈板50 cm高度应进行防腐处理，罐外表无大面积锈蚀、起皮现象，漆层完好。

（4）储罐附件如呼吸阀、安全阀、阻火器、量油口等齐全有效。储罐阻火器应为波纹板式阻火器，通风管、加热盘管不堵不漏，升降管灵活，排污阀畅通，扶梯牢固，静电消除、接地装置有效，储罐进、出口阀门和人孔无渗漏，各部件螺栓齐全、紧固，浮盘、浮梯运行正常、无卡阻，浮盘、浮仓无渗漏，浮盘无积油，排水管畅通。

（5）储罐进出物料时，现场阀门开关的状态在控制室应有明显的标记或显示，避免误操作，并有防止误操作的检测、安全自保等措施，防止物料超高、外溢。

15. 呼吸阀常见的故障有哪些？

（1）漏气。漏气一般是锈蚀、硬物划伤与阀盘的接触面、阀盘或阀座变形以及阀盘导杆倾斜等原因造成的。

（2）卡死。呼吸阀安装不正确或油罐变形导致阀盘导杆斜歪，或在阀杆锈蚀的情况下，阀盘沿导杆上下运动时不能到位，易将阀盘卡死于某一位置。

（3）堵塞。堵塞的主要原因是机械呼吸阀长期未进行保养与使用，致使尘土、锈渣等杂物沉积于呼吸阀内或呼吸管内，以及蜂类或禽鸟在呼吸阀口筑巢等。

（4）冻结。通常是因气温下降，空气中的水分在呼吸阀的阀体、阀座、导杆等部位凝结，进而结冰，使呼吸阀难以开启。

16. 呼吸阀的检查维护内容主要有哪些？

（1）呼吸阀阀体有无异常变化。

（2）封口网是否破损或通畅。

（3）油罐进出油作业时，呼吸阀的运行是否正常。

（4）打开顶盖，检查呼吸阀内部的阀盘、阀座、导杆、弹簧有无生锈、积垢，必要时进行清洗。

（5）阀盘运行是否灵活，有无卡死现象，密封面是否良好，必要时进行修理。

17. 阻火器的工作原理是什么？主要检查维护内容有哪些？

（1）阻火器的工作原理。阻火器是利用阻火芯吸收热量和产生器壁效应来阻止外界火焰向罐内传播的。火焰进入阻火芯的狭长通道后被分割成许多条小股火焰，一方面散热面积增大，火焰温度降低；另一方面，在阻火芯通道内，活化分子自由基碰撞器壁的概率增加而碰撞气体分子的概率降低，器壁效应使得火焰前锋的推进速度降低，这两个方面的共同作用，使火焰不能向管内传播。

（2）阻火器主要检查维护内容。要检查阻火器是否清洁畅通，有无冰冻，阻火芯是否完好，有无腐蚀现象。要清洁阻火芯，用煤油洗去尘土和锈垢，给螺栓加油保护。

18. 湿式气柜的完好标准是什么？干式气柜的完好标准是什么？

（1）湿式气柜完好标准如下：

1）气柜完好，质量符合要求。具体标准如下：

①气柜的水槽、中节、钟罩无严重变形，腐蚀程度在允许范围内，无渗漏现象。

②气柜基础无不均匀下沉，无裂纹，水槽、中节、钟罩在运行中的倾斜度符合规定要求。

2）附件齐全，润滑良好，灵活好用。具体标准如下：

①气柜排空阀、进水阀、水封加水阀、渣流槽、踢脚板齐全无损，无堵塞、泄漏现象，人梯、栏杆、顶支架齐全。

②高度显示仪表、高低液位报警器、进出口气缸阀等仪表控制设施良好。

③气柜导轮运转灵活，油杯、杯盖齐全，油盒内有油。润滑状况良好，导

轮、导轨吻合，中节、钟罩升降灵活，运行平稳。

④气柜钟罩顶、水槽底的加重物分布均匀。

3）气柜整洁，防腐良好。具体标准如下：

①气柜内部防腐层牢固无脱落，外部油漆完整美观。

②气柜整洁，下水井畅通且清洁、有盖。

③气柜进出口阀门、人孔、清扫孔、透光孔等无渗漏，各部螺栓满扣、齐整、紧固，符合抗震要求。

④气柜高度刻度指示正确，工整醒目。

⑤气柜防冻设施完好有效。

4）技术资料齐全准确。应具有以下资料：

①设备档案，并符合石化企业设备管理制度要求。

②设备结构图及易损配件图。

（2）干式气柜完好标准如下：

1）主体完好，质量符合要求。具体标准如下：

①柜体、活塞无鼓包、皱褶、凹陷、扭曲等变形，各密封部位无泄漏、开裂现象。

②壁板、顶板、支柱、横梁、桁架等主体部件腐蚀程度在允许范围内，无缺损、脱焊、泄漏现象。

③基础无不均匀下沉，无开裂、倾斜、渗水、漏油现象。

④柜底板无变形翘起。

⑤平台、护栏、踏步、爬梯等钢结构安全稳固，无缺损、脱焊、断裂现象。

⑥活塞密封膜无破损、扭曲、皱褶、刮蹭和泄漏，密封压条完整齐全，无重叠、异物。

2）安全附件齐全，质量符合要求。具体标准如下：

①紧急手动、自动排放装置动作灵活，开启顺畅及时，关闭准确严密。

②调平配重设施无卡涩，活塞运动水平无扭曲、倾斜。

③所有导轮、滑轮转动灵活无卡阻，轴承润滑良好，钢丝绳张力均匀、无锈蚀。

④活塞高度检测仪测量准确。

⑤可燃气体检测仪灵敏可靠。

⑥高低液位报警安全准确，出入口联锁紧急切断阀动作及时、自控回讯准确。

⑦密封油泵开、停及时准确，润滑油无变质、跑损。

⑧活塞配重块无破损、脱落，码放规整。

3）外观整洁，防腐层良好，质量符合要求。具体标准如下：

①柜体及各钢结构部件外防腐层规整完好，无起皮、开裂、脱落现象。

②柜体、活塞、底板内防腐层牢固、规整完好、厚度均匀，无起皮、开裂、脱落现象。

③各进出口阀门、法兰、接管、人孔等构件无渗漏，各部位螺栓满扣、齐整、紧固，符合规范要求。

④柜容指示仪检测准确可靠，刻度清晰醒目。

⑤电气仪表防爆护管设置规整，柜体照明齐全完好。

⑥润滑油系统整洁干净。

4）技术资料齐全准确。应具有以下资料：

①设备档案，并符合石化企业设备管理制度要求。

②设备结构图及易损配件图。

二、自动化控制及安全仪表系统

1. 常规仪表的管理应遵循哪些要求？

仪表的选型遵循安全可靠、技术成熟、经济合理的原则，仪表设备施工单位必须具有相应的施工资质、施工能力，并具有健全的工程质量保证体系。

仪表设备工程项目的竣工验收应按设计要求及《自动化仪表工程施工及质量验收规范》（GB 50093—2013）、《石油化工仪表工程施工技术规程》（SH/T 3521—2013）、《石油化工建设工程项目交工技术文件规定》（SH/T 3503—2017）进行。工程项目竣工验收资料应齐全完整，主要包括工程竣工图（包括装置整套仪表自控设计图样及竣工图），设计修改文件和材料代用文件，隐蔽工程资料和记录，仪表安装及质量检查记录，电缆绝缘测试记录，接地电阻测试记录，仪表风管和导压管等扫线、试压、试漏记录，仪表设备和材料的产品质量合格证明，仪表校准和试验记录，回路试验和系统试验记录，报警、联锁系统调试记录，智能仪表、DCS、ESD（紧急停车系统）、SIS、PLC（可编程逻辑控制器）、CCS（协调控制系统）、SCADA（数据采集与监视控制系统）等组态记录工作单及相关软件版本记录及用户应用软件备份，仪表设备交接清单，仪表回路图，联锁接线图、逻辑图，仪表设备说明书，未完工程项目明细表。

（1）选型。常规仪表的选型应遵循《石油化工自动化仪表选型设计规范》（SH/T 3005—2016）、《油气田及管道工程仪表控制系统设计规范》（GB/T 50892—2013）。在满足生产需要的前提下，应综合考虑仪表的安全可靠性、技术先进性、经济实用性，并考虑企业现状和发展规划，力求品种统一，有利于全厂或区域性的集中控制和集中管理。电涌保护器的设计应遵循《石油化工仪表系统防雷设计规范》（SH/T 3164—2021）的规定。

（2）防爆型仪表的管理。根据使用场所爆炸危险区域的划分，选择满足防爆等级的仪表。防爆型仪表的安装、配线及电缆应按安装场所爆炸性气体混合物的类别、级别、组别确定安装、敷设方式。防爆型仪表及其辅助设备、接线盒等均应有防爆合格证，其构成的系统应符合整体防爆的设计要求。防爆型仪表检修时不得随意更改零部件的结构、材质。在爆炸危险区域对原有的防爆型仪表进行更新、改造或新增时，必须满足原有的防爆要求，不得降低防爆等级。

（3）放射性仪表的管理。放射性仪表现场 10 m 之内要有明显的警示标志，维护人员应接受政府主管部门的专门培训并取得其颁发的放射工作人员证后，才能进行仪表的维护、检修、校准工作，并配备必要的劳动防护用品和监测仪器。

（4）常规仪表的校准、检修。常规仪表的校准周期，原则上为所在装置大修周期。日常故障修复后必须校准，并做好校准记录。严禁使用超期未检或检定不合格的仪器，各种仪器应按有关计量法规要求进行周期检定。常规仪表设备校准后应进行回路试验及联校，参加联锁的仪表还应进行联锁回路的调试和确认。

常规仪表的检修，原则上随装置停工检修进行。在检修前，应根据实际情况制订检修计划，准备必要的备品配件、检修材料、工具和标准仪器，并编制切实可行的检修管理方案。应根据常规仪表设备的运行状况，组织预防性检修。常规仪表设备检修按相关规程要求进行，在每个检修周期内，应进行校准或检查确认。

2. 什么是 DCS？

DCS（Distributed Control System）又名集中分散控制系统（简称集散控制系统），也叫分布式控制系统。DCS 是集计算机技术、控制技术、通信技术和 CRT（阴极射线管）技术为一体的综合性高技术产品。DCS 通过操作站对整个工艺过程进行集中监视、操作、管理，通过控制站对工艺过程各部分进行分散控制，既不同于常规的仪表控制系统，又不同于集中式的计算机控制系统，而是集中了两者的优点，克服了它们各自的不足。DCS 以其可靠性、灵活性、人机界面友好性及通信的方便性等特点日益被广泛应用。

3. DCS 的基本构成是什么？

DCS 概括起来可分为三大部分：集中管理部分、分散控制监测部分和通信部分。

集中管理部分可分为操作站、工程师站和上位计算机。操作站是由微处理器、CRT、键盘、打印机等组成的人机系统，实现集中显示、集中操作和集中管理。工程师站主要用于组态和维护。上位计算机用于全系统的信息管理和优化控制。

分散控制监测部分按功能可分为现场控制站和现场监测站。现场控制站由一个微处理器、存储器、I/O 输入输出板、A/D（模数转换）和 D/A（数模转换）转换器、内总线、电源和通信接口等组成，可以控制多个回路，具有较强的运算能力和各种控制算法功能，可自主地完成回路控制任务，实现分散控制。现场监测站（数据采集装置）是微计算机结构，主要是采集非控制变量以进行数据处理，并将某个采集的过程信息经高速数据通路送到上位计算机。

通信部分又叫高速数据通路，是实现分散控制和集中管理的关键。其连接DCS 的操作站、工程师站、上位计算机、控制站和监测站等各个部分，完成数据、指令及其他信息的传递。

4. 什么是 DCS 的组态?

DCS 组态是用集散控制系统所提供的功能模块或算法组成所需的系统结构，完成所需功能。操作站的显示组态则是用集散控制系统提供的组态编辑软件组成所需的各种显示画面。为了完成某些特定的功能，采用集散控制系统提供的组态语言编写有关程序也属于组态范围。

集散控制系统的组态包括系统组态、画面组态和控制组态。系统组态完成组成系统的各设备间的连接。画面组态完成操作站的各种画面、画面间连接。控制组态完成各控制器、过程控制装置的控制结构连接、参数设置，以及趋势显示、历史数据压缩、数据报表打印和画面拷贝等。组态常作为画面组态或控制组态的一部分来完成，也可以分开进行，单独组态。

5. 什么是容错、容错技术及容错系统?

（1）容错。容错是指功能模块在出现故障或错误时，可以继续执行特定功能的能力。进一步讲，容错是指对失效的控制系统元件（包括硬件和软件）进行识别和补偿，并能够在继续完成指定的任务、不中断过程控制的情况下进行修复的能力。容错是通过冗余和故障屏蔽（旁路）的结合来实现的。

（2）容错技术。容错技术是发现并纠正错误，同时使系统继续正确运行的技术，包括错误检测和校正用的各种编码技术、冗余技术、系统恢复技术、指令复轨、程序复算、备件切换、系统重新复合、检查程序、论断程序等。

（3）容错系统。容错系统是对系统中的关键部位进行冗余备份，并且通过一定的检测手段，能够在系统中的软件和硬件故障时，切换到冗余部件工作，以保证整个系统不因这些故障而导致处理中断。在故障修复后，又能够恢复到冗余备份状态。容错系统又分为硬件容错系统和软件容错系统，硬件容错系统在 SIS 系统中更有优势。

6. 仪表控制系统管理应遵循哪些规定?

企业应建立健全控制系统运行、维护、检修等各种规程和管理制度。控制系统的选型、配置应遵循《石油化工分散控制系统设计规范》（SH/T 3092—2013）、

《油气田及管道工程仪表控制系统设计规范》（GB/T 50892—2013）等的要求。系统运行负荷、通信能力应满足先进控制和管控一体化发展需要。

（1）控制系统机房管理。控制系统机房的环境必须满足控制系统设计规定的要求，消防设施应配备齐全，有防小动物进入的措施。进入机房作业人员宜采取静电释放措施，消除人体所带的静电。在装置运行期间，控制系统机房内应控制使用移动通信工具，并张贴警示标志。机房内严禁带入食品、液体、易燃易爆和有毒物品等，禁止堆放杂物，机柜上禁放任何物品。无关人员不得进入机房。不得在机房安装非控制系统的机柜或设备。

（2）控制系统的日常维护。主管单位应定时检查主机/控制器、外围设备硬件的完好或运行状况，环境条件、供电及接地系统应满足控制系统正常运行要求，按规定周期做好设备的清洁工作。严禁在控制系统上使用无关的软件，系统软件和应用软件必须有双备份，并异地妥善保管；控制系统的密码或键锁开关的钥匙要由专人保管；控制系统要设置分级管理，并执行规定范围内的操作内容；系统软件和主要应用软件修改应经使用单位主管部门批准后方可进行；软件备份要注明软件名称、修改日期、修改人，并将有关修改设计资料存档。DCS操作站的鼠标、键盘、显示器严禁私自更换，需更换时由仪表维护人员根据鼠标、键盘、显示器、打印机的型号及序列号进行更换。严禁将水杯、食物、手套、饭盒、工具等物品放置在控制系统操作台、自保操作台和辅助操作台上以及操作键盘上。

（3）控制系统故障处理。控制系统运行时出现异常或故障，维护人员应及时处理，并对故障现象、原因、处理方法及结果做好记录。

（4）控制系统检修管理。控制系统的大修，原则上随装置停工大修同步进行。控制系统的检修应按相关规程要求进行。严禁执行与控制系统无关的操作，严禁外来计算机接入控制网络，控制系统与信息管理系统间如需连接，应采取隔离措施，以防范外来计算机病毒侵害。电视监控系统、工业无线网络不应与控制移动存储设备一起接入控制系统计算机，如需接入，应由专人负责，采用指定设备，严防病毒入侵。

（5）控制系统变更管理。严禁随意更改工艺报警定值、控制方案或增加仪表回路，已投入使用的系统如需要修改，必须通过主管部门审批，由仪表维护人员实施。控制系统的备品配件管理要有专门的账卡，保管、储存控制系统备品配件的环境应符合要求。

企业应制定控制系统事故应急预案。控制系统出现故障时，应按事故应急预案执行。在处理控制系统重大故障时，按重大事项报告制度执行。

7. 对仪表电源、气源管理有哪些要求？

（1）仪表电源管理要求。企业主管人员要定期对供电系统的各部位进行巡回检查，检查电源箱、电源分配器、开关、熔断器等各部件运行情况，发现问题及时分析处理。并联使用的电源箱，在线检查其运行情况，负载应均衡，每个电源箱的输出电流均不得超过其额定值。在硬性条件具备时，应设置电源故障报警功能。

供电系统中的开关、电源、分配器、供电端子排的标识必须准确清晰。严禁从仪表电源上向非仪表负载供电，严禁从仪表电源上搭接临时负载。仪表盘（柜）的仪表供电开关宜留有至少10%的备用回路。控制系统及联锁保护系统供电采用双路独立供电方式，其中至少有一路采用 UPS 电源。仪表供电系统应合理设置电涌保护器。机柜的照明及辅助用电应引入第三路电源供电。

（2）仪表气源管理要求。仪表气源专线专用，净化后的气体中不应含有易燃易爆、有毒有害及腐蚀性气体（或蒸汽）。在操作压力下的气源露点温度，应比工作环境或历史上当地年极端最低温度至少低 10 ℃。控制室内应设供气系统压力监视与报警装置。主管人员应定期对供气系统（风罐、阀门、管路、过滤器、减压阀、压力表等）进行检查，定期对在用的过滤器、低点处的排污阀进行排空，视仪表供气品质及安装地点可适当增加排空次数。气源用压力容器应符合《固定式压力容器安全技术监察规程》（TSG 21—2016）的规定。

8. 可燃气体和有毒气体检测报警器应如何选用？

（1）检（探）测器的选用。可燃气体和有毒气体检（探）测器的选用，与检测仪表产品的性能、被测气体的理化性质、环境条件及干扰气体介质或元素对检测元件的毒害程度等密切相关。在实际生产过程中，常用的可燃气体和有毒气体检（探）测器多为催化燃烧型检（探）测器、热传导型检（探）测器、红外气体检（探）测器、半导体型检（探）测器、电化学型检（探）测器、光致电离型检（探）测器等。可燃气体和有毒气体检（探）测器是常用的精密检测分析仪表，为了保障现场检测数据可靠，设计选型时，应根据现场的环境条件对产品的技术性能提出要求。检（探）测器的选用，应考虑使用环境温度以及被检测的气体同使用环境中可能存在的其他气体的交叉影响，并结合现场环境特征，考虑检（探）测器的防水、防腐、防潮、防尘、防爆和抗电磁干扰等要求。

有毒气体的浓度范围常常为 10^{-6} 级（体积浓度）。检测环境条件对仪表工作性能的影响尤为严重。有毒气体检（探）测器的选用更应综合考虑气体的物理性、腐蚀性及检（探）测器的适应性、稳定性、可靠性、检测精度、环境特性及使用寿命等，并根据检（探）测器安装场所中各种气体成分交叉影响的情况和制造厂提供的仪表抗交叉影响的性能，选择合适的检（探）测器。

具体可参考《石油化工可燃气体和有毒气体检测报警设计标准》（GB/T 50493—2019）。

（2）指示报警设备的选用。指示报警设备能为可燃气体和有毒气体检（探）测器及所连接的其他部件供电，能直接或间接地接收可燃气体和有毒气体检（探）测器及其他报警触发部件的报警信号，发出声光报警信号，并予以保持。声光报警信号应能手动消除，再次有报警信号输入时仍能发出报警。

可燃气体的测量范围宜为 0%～100% LEL（爆炸下限）。有毒气体的测量范围宜为 0%～300% 的最高容许浓度或 0%～300% 的短时间接触容许浓度，当现有检（探）测器的测量范围不能满足上述要求时，有毒气体的测量范围可为 0%～30% 的直接致害浓度。具体可参考《石油化工可燃气体和有毒气体检测报警设计标准》（GB/T 50493—2019）。

9. 联锁系统的基本功能和动作有哪些？

（1）保证正常运转，事故联锁。联锁系统的设计必须保证装置和设备的正常开、停、运转。在工艺过程发生异常情况时，联锁系统能按规定的程序实现紧急操作、自动切换和自动投入备用系统或安全停车、紧急停车。

（2）联锁报警。联锁系统动作时，同时声光报警，引起操作人员的注意。联锁系统只在危急情况下才动作，所以表示系统动作的灯光、声响对操作人员来说是很重要的。一般情况下，联锁报警和信号报警系统的声响应该有明显的区别，使操作人员易于辨识。

（3）联锁动作和投运显示。联锁系统动作时，应按工艺要求使相应的执行机构动作，实现紧急操作、紧急切断、紧急开启或者自动投入备用系统或实现安全停车，也可人为紧急停车。一般联锁系统的动作方式如下：正常时联锁系统不动作，报警灯不亮，执行机构不动作；事故发生后，联锁系统动作，报警灯亮，执行机构动作。

为保证装置正常开、停、运转所必要的联锁系统，应有明显的投运标识。一些重要的联锁系统投运，应用明显的灯光来标识。联锁系统的解除开关一般装在盘后。

10. 安全仪表系统包括哪些内容？

安全仪表系统（SIS）包括安全联锁系统、紧急停车系统和有毒有害、可燃气体及火灾检测保护系统等。安全仪表系统独立于过程控制系统（如分散控制系统等），生产正常时处于休眠或静止状态，一旦生产装置或设施出现可能导致安全事故的情况时，能够瞬间准确动作，使生产过程安全停止运行或自动导入预定的安全状态。

根据安全仪表功能失效产生的后果及风险，将安全仪表功能划分为不同的安全完整性等级（SIL1~4，最高为4级）。在化工行业领域，安全完整性等级最高为 SIL3 级。不同等级的安全仪表回路在设计、制造、安装、调试和操作维护方面的技术要求不同。

11. 安全仪表系统由哪些单元组成？

安全仪表系统大致可分为 3 部分：传感器单元、逻辑运算单元、最终执行器单元。

（1）传感器单元。采用多台仪表或系统，将控制功能与安全联锁功能隔离。即传感器分开配置，做到安全仪表系统与过程控制系统的实体分离。

（2）逻辑运算单元。逻辑运算单元由输入模块、控制模块、诊断回路、输出模块4部分组成。基于自诊断测试的安全仪表系统具有特殊的硬件设计，可依据逻辑运算单元自动进行周期性故障诊断，以保障安全。逻辑运算单元可以实现在线诊断SIS的故障。

（3）最终执行器单元（切断阀、电磁阀）。最终执行器单元是安全仪表系统中危险性最高的设备。由于安全仪表系统在正常工况时是静态的、被动的，系统输出不变，最终执行元件一直保持在原有的状态，很难判断最终执行元件是否有危险故障。在正常工况时，过程控制系统是动态的、主动的，控制阀门动作随控制信号的变化而变化，不会长期停留在某一位置。因此，要选择符合安全完整性等级要求的控制阀及配套的电磁阀作为安全仪表系统的最终执行元件。例如，当安全完整性等级为3级时，可采用一台控制阀和一台切断阀串联连接作为安全仪表系统的最终执行元件。

12. 安全仪表系统的主要作用有哪些？

安全仪表系统的主要组成部分有传感器、逻辑控制器以及执行器等。其工作目的便是对生产的安全性提供保障，提升企业经济效益，保障人员的人身安全。在工业控制领域中，安全仪表系统是工业控制中尤为重要的一部分，能够使企业很好地进行风险管理，并对潜在风险进行有效防范。

13. 在开展SIL评估方面有哪些要求？

《关于加强化工安全仪表系统管理的指导意见》（安监总管三〔2014〕116号）规定，涉及"两重点一重大"在役生产装置或设施的化工企业和危险化学品储存单位，要在全面开展过程危险分析（如危险与可操作性分析）的基础上，通过风险分析确定安全仪表功能及其风险降低要求，并尽快评估现有安全仪表功能是否满足风险降低要求。企业应在评估的基础上，制定安全仪表系统管理方案和定期检验测试计划。对于不满足要求的安全仪表功能，要制定相关维护方案进行整改。其他化工装置、危险化学品储存设施，要参照《关于加强化工安全仪表系统管理的指导意见》（安监总管三〔2014〕116号）要求实施。

《关于加强化工过程安全管理的指导意见》（安监总管三〔2013〕88号）规

定，企业要在风险分析的基础上，确定安全仪表功能（SIF）及其相应的功能安全要求或安全完整性等级（SIL）。

14. 在役装置 SIL 评估的主要流程有哪些?

（1）开展工艺过程 PHA 分析，通过对工艺过程的风险进行量化，参照个人可接受风险标准及社会可接受风险标准，进行下一步工作。

（2）根据 HAZOP 分析的结果，对报警及联锁进行逐项逐回路分析。

（3）通过对事故场景开展保护层分析，确定是否需要安全仪表功能（SIF）以及 SIL。

（4）进行 SIL 验证，对 SIL1 级以上的 SIF 进行验证。

（5）通过调整设备选型、结构约束、选择合理的检测测试时间间隔等，对不满足要求的 SIF 提出整改建议。

15. 安全仪表系统检测试验有哪些要求?

（1）制订安全仪表系统定期检验计划，根据工艺条件合理确定定期检测试验周期。测试人员要填写有关检测试验记录，参加人员进行签字确认。

（2）凡有下列情况之一者，必须对安全仪表系统进行全面的检测试验:

1）新建装置在单机或联动试车前。

2）单机设备或单元系统检修后。

3）装置大修后。

（3）安全仪表系统中的所有检测和执行单元（包括变送器、流量开关、电接点压力表、热电偶、温度开关、报警单元、热电阻、轴位移及轴振动仪表等）都必须单独设置并且检定校准合格，检定校准记录应由检验人和审核人两人签字。

（4）仪表控制及联锁中的行程开关、阀位及位置开关等应进行防锈润滑，保证接触良好。

（5）安全仪表系统的切断阀、放空阀必须经过校验，其泄漏量及全行程时间必须在规定数值范围内。

16. 储罐仪表选用和安装有哪些要求?

（1）压力储罐应设压力就地指示仪表和压力远传仪表。压力就地指示仪表和压力远传仪表不得共用一个开口。

（2）压力储罐液位测量应设一套远传仪表和一套就地指示仪表，就地指示仪表不应选用玻璃板液位计。

（3）液位测量远传仪表应设高低液位报警。高液位报警的设定高度应为储罐的设计储存高液位。低液位报警的设定高度应满足从报警开始10~15 min内泵不会汽蚀的要求。

（4）压力储罐应另设一套专用于高高液位报警并联锁切断储罐进料管道阀门的液位测量仪表或液位开关。高高液位报警的设定高度应不大于液相体积达到储罐计算容积的90%时的高度。

（5）压力储罐应设温度测量仪表。

（6）压力储罐的压力、液位和温度测量信号应传送至控制室集中显示。

（7）压力储罐上温度计的安装位置，应保证在最低液位时能测量液相的温度并便于观察和维修。

（8）压力储罐罐组应设可燃气体或有毒气体检测报警系统，并应符合《石油化工可燃气体和有毒气体检测报警设计标准》（GB/T 50493—2019）的规定。

（9）罐顶的仪表或仪表元件宜布置在罐顶梯子平台附近。

17. 检测仪表（元件）及控制阀选型的一般原则是什么？

（1）工艺过程的条件。工艺过程的温度、压力、流量、黏度、腐蚀性、毒性、脉动等因素是决定仪表选型的主要条件，它关系到仪表选用的合理性、仪表的使用寿命及车间的防火、防爆、保安等问题。

（2）操作上的重要性。各检测点参数在操作上的重要性是仪表指示、记录、积算、报警、控制、遥控等功能选定的依据。一般来说，对工艺过程影响不大，但需经常监视的变量，可选指示型；对需要经常了解变化趋势的重要变量，应选记录式；而一些对工艺过程影响较大，又需随时监控的变量，应设控制功能；对关系到物料衡算和动力消耗而要求计量或经济核算的变量，宜设积算功能；一些可能影响生产或安全的变量，宜设报警功能。

（3）经济性和统一性。仪表的选型也取决于投资的规模，应在满足工艺和自控要求的前提下，进行必要的经济核算，取得适宜的性能/价格比。为便于仪表的维修和管理，在选型时也要注意仪表的统一性。尽量选用同一系列、同一规格型号及同一生产厂家的产品。

（4）仪表的使用和供应情况。选用的仪表应是较为成熟的产品，经现场使用证明性能可靠。同时，要注意选用的仪表货源应当供应充沛，不会影响工程的施工进度。

18. 在对气体报警装置维护过程中应注意哪些事项?

（1）日常巡回检查时，要检查指示、报警功能是否正常，检查检测器是否意外进水。

（2）根据环境条件和仪表工作状况，定期通气并检查和试验检测报警器是否正常。

（3）可燃气体和有毒气体检测报警器的检定应按检定规程的要求每年至少进行一次。

（4）可燃气体和有毒气体检测报警器出现故障时应及时修复，若不能修复，必须通知使用单位，并上报相关部门备案。

（5）维护工作应该由专业人员负责，并做好记录。

三、重大危险源安全监控系统

1. 重大危险源罐区的安全监控系统主要监测的内容有哪些?

重大危险源罐区的安全监控系统主要监测的内容有罐内介质的液位、温度、压力等工艺参数，罐区内可燃气体和有毒气体的浓度、明火以及气象参数和音视频信号等。主要的预警和报警指标包括与液位相关的高低液位超限，温度、压力、流速和流量超限，空气中可燃气体和有毒气体浓度、明火源和风速等超限及异常情况等。

2. 安全监控预警系统分为几级? 各级的硬件配置准则是什么?

安全监控预警系统可分为 3 级，即就地安全监控预警系统、控制室安全监控预警系统和中央调度控制中心安全监控预警系统。

（1）就地安全监控预警系统。该系统应能将安全预警参数传送至控制室和（或）中央调度控制中心，并设立在方便操作人员观测的位置。系统发出的声光报警信号应能与背景声响及灯光明显区分。每个安全监控预警参数检测仪表应有名称标识。在每个监控预警区域内至少应设立 1 个手动事故报警按钮。若区域面积较大时，可根据实际需要设置 2 个以上的手动事故报警按钮，手动事故报警按钮应设置在明显和便于操作的部位，且应有明显的标识。

（2）控制室安全监控预警系统。该系统应配备对安全预警参数的实时检测结果进行数据采集、显示记录、存储、处理和对安全状态进行预测预报、判别及发出指令功能的必要设施，并将结果传送至中央调度控制中心。发出的声光信号或语音报警应能与工艺操作参数报警信号明显区分。应设有与中央调度控制中心或消防站联络的对讲电话/步话机等通信联络设施，并应配备灾害事故广播设施，以便进行人员和资源的紧急调度。系统装设的事故报警按钮应设在适宜部位，并带有防护罩和明显标识。

（3）中央调度控制中心安全监控预警系统。系统应配备能接收来自就地和控制室发出的安全监控预警信号和显示记录、存储、处理功能的必要设施，且能对安全状态做出预测预报，并应配备与控制室、消防站之间的通信设施。系统应与当地消防部门配有灾害通报通信联络系统，并设有全厂灾害事故广播系统。

3. 安全预警参数检测仪表的设置要求有哪些?

（1）确保检测参数具有代表性，检测数据准确、可靠。

（2）温度检测点应选择有代表性的部位。测量罐内介质温度时，可根据罐的容量和介质特性设置单个或多个具有代表性的温度检测点。

（3）设有蒸汽加热器的储罐，应配备能够控制介质温度的相应设施。

（4）对于有压储罐，应设置压力检测仪表。若罐内介质属于《石油化工企业设计防火标准（2018 年版）》（GB 50160—2018）中的甲$_A$类物料，还应配置压力报警系统，必要时宜设报警联锁系统。

（5）液体储罐必须配置液位检测仪表，同一储罐至少配备 2 种不同类别的液位检测仪表。储存易燃易爆介质的储罐应配备高低液位报警回路，必要时还应配有液位与相关工艺参数之间的联锁系统。

（6）根据罐区储存介质的不同性质配备相应性能的气体检测器。有可燃气体的场所，必须选用可燃气体检测器；因高温、辐射可能引起火灾的场所，应设置感温检测器、感烟检测器或火焰检测器，或它们的组合。

（7）罐区及其泵房内设可燃气体检测器及火灾报警器时，应综合考虑可燃气体的性质、泄漏点的位置、整体布局、周围空气流动情况以及建筑结构等因素。

两个可燃气体检测探头的间距不得超过 20 m。对于特别重要的部位，应单独设置吸入式可燃气体检测器。

（8）气体检测器应优先设置在介质泄漏点主导风向的下游侧。

（9）位于罐区内的控制室或自动分析器室应设置可燃气体检测器或感烟检测器，并配备声光报警设施。

4. 联锁控制装备的设置要求有哪些？

（1）可根据实际情况设置储罐的温度、液位、压力以及环境温度等参数的联锁自动控制装备，包括物料的自动切断或转移以及喷淋降温装备等。

（2）紧急切换装置应同时考虑对上下游装置安全生产的影响，并实现与上下游装置的报警通信、延迟执行功能。必要时，应同时设置紧急泄压或物料回收设施。

（3）原则上，自动控制装备应同时设置就地手动控制装置或手动遥控装置备用。就地手动控制装置应能在事故状态下安全操作。

（4）不能或不需要实现自动控制的参数，可根据储罐的实际情况设置必要的检测报警仪器，同时设置相关的手动控制装置。

（5）安全控制装备应符合相关产品的技术质量要求和使用场所的防爆等级要求。

5. 罐区环境可燃气体和有毒气体检测报警器报警值的设置原则是什么？

（1）具有可燃气体释放源，且释放时空气中可燃气体的浓度有可能达到 25% LEL 的场所，应设置相关的可燃气体检测报警器。

（2）具有有毒气体释放源，且释放时空气中有毒气体浓度可达到最高容许值并有人员活动的场所，应设置有毒气体检测报警器。

（3）可燃气体和有毒气体释放源同时存在的场所，应同时设置可燃气体和有毒气体检测报警器。

（4）存在可燃的有毒气体释放源的场所，可只设置有毒气体检测报警器。

（5）可燃气体和有毒气体混合释放的场所，一旦释放，当空气中可燃气体体积分数可能达到 25% LEL，而有毒气体不能达到最高容许浓度时，应设置可燃气体检测报警器；如果一旦释放，当空气中有毒气体可能达到最高容许浓度，而可燃气体体积分数不能达到 25% LEL 时，应设置有毒气体检测报警器。

（6）一般情况下，安装固定式可燃气体或有毒气体检测报警器。若没有相关固定式检测报警器或无安装固定式检测报警器的条件，或属于非长期固定的生产场所的，可使用便携式仪器检测，或者采样检测。

（7）可燃气体和（或）有毒气体检测报警的数据采集系统，宜采用专用的数据采集单元或设备，不宜将可燃气体和（或）有毒气体检测器接入其他信号采集单元或设备内，避免混用。

6. 设置音视频监控装备的一般原则是什么？

（1）罐区应设置音视频监控报警系统，监视突发的危险因素或初期的火灾报警等情况。

（2）摄像头的设置个数和位置，应根据罐区现场的实际情况而定，既要覆盖全面，也要重点考虑危险性较大的区域。

（3）音视频监控报警系统应可实现与危险参数监控报警的联动。

（4）摄像监控设备的选型和安装要符合相关技术标准，有防爆要求的应使用防爆摄像机或采取防爆措施。

（5）摄像头的安装高度应确保可以有效监控到储罐顶部。

四、淘汰落后设备管理

1.《淘汰落后危险化学品安全生产工艺技术设备目录（第一批）》规定的淘汰类设备有哪些？淘汰原因是什么？

淘汰类设备主要如下：

（1）敞开式离心机。淘汰原因：缺乏有效密封，工作过程中有毒、可燃物料及蒸气逸出带来的安全风险高。

（2）多节钟罩的氯乙烯气柜。淘汰原因：气柜导轨容易发生卡涩，使物料泄漏。

（3）煤制甲醇装置气体净化工序三元换热器。淘汰原因：在该环境下，易发生腐蚀，造成泄漏。

（4）未设置密闭及自动吸收系统的液氯储存仓库。淘汰原因：安全风险高，易发生中毒事故。

（5）采用明火高温加热方式生产石油制品的釜式蒸馏装置。淘汰原因：安全风险高，易发生火灾、爆炸事故。

（6）开放式（又称敞开式）、内燃式（又称半密闭式或半开放式）电石炉。淘汰原因：安全风险高，易发生火灾、爆炸、灼烫事故。

（7）无火焰监测和熄火保护系统的燃气加热炉、导热油炉。淘汰原因：燃气加热炉、导热油炉缺乏火焰监测和熄火保护系统的，容易导致炉膛爆炸。

（8）液化烃、液氯、液氨管道用软管。淘汰原因：缺乏检测要求，安全可靠性低。

2. 压力容器停用、报废的相关要求有哪些？

（1）压力容器停用要求。压力容器拟停用1年以上的，使用单位应当采取有效的保护措施，并且设置停用标志，在停用后30日内填写特种设备停用报废注销登记表，告知登记机关。重新启用时，使用单位应当进行自行检查，到使用登记机关办理启用手续；超过定期检验有效期的，应当按照定期检验的有关要求进行检验。

（2）压力容器报废要求。对存在严重事故隐患，无改造、修理价值的压力容器，或者达到安全技术规范规定的报废期限的压力容器，应当及时予以报废，产权单位应当采取必要措施消除该压力容器的使用功能。压力容器报废时，按台（套）登记的压力容器应当办理报废手续，填写特种设备停用报废注销登记表，向登记机关办理报废手续，并且将使用登记证交回登记机关。

非产权所有者的使用单位经产权单位授权办理特种设备报废注销手续时，需提供产权单位的书面委托或者授权文件。

❓ 思考题

1. 请简述内浮顶储罐主要结构。以 3 000 m³ 汽油储罐为例，叙述储罐操作中的注意事项。

2. 常压储罐顶部设置有氮封、液压安全阀、呼吸阀和紧急泄放阀，请简述上述安全附件的作用。

3. 安全阀与爆破片组合安装时，在安装及整定压力和爆破压力的选择方面有哪些要求？

第四章
重大危险源事故应急管理

第一节　重大危险源应急预案管理

一、应急预案管理

1. 什么是企业应急预案？如何分类？

企业应急预案是指企业针对可能发生的事故，为最大限度减少事故损害而预先制定的应急准备工作方案。

企业应急预案分为综合应急预案、专项应急预案和现场处置方案。

综合应急预案是指企业为应对各种生产安全事故而制定的综合性工作方案，是本企业应对生产安全事故的总体工作程序、措施和应急预案体系的总纲。

专项应急预案是指企业为应对某一种或者多种类型生产安全事故，或者针对重要生产设施、重大危险源、重大活动防止生产安全事故发生而制定的专项性工作方案。

现场处置方案是指企业根据不同生产安全事故类型，针对具体场所、装置或者设施所制定的应急处置措施。

2. 应急预案的编制要求是什么？

应急预案的编制应当遵循以人为本、依法依规、符合实际、注重实效的原则，以应急处置为核心，明确应急职责，规范应急程序，细化保障措施。应急预案的编制应当符合下列基本要求：

（1）符合有关法律、法规、规章和标准的规定。

（2）结合本地区、本部门、本单位的安全生产实际情况。

（3）充分考虑本地区、本部门、本单位的危险性分析情况。

（4）充分考虑历次应急演练的结果。

（5）充分考虑以往事件与事故的原因分析。

（6）借鉴行业内的良好作业实践，考虑其他地区、其他公司出现过的事故。

（7）应急组织和人员的职责分工明确，并有具体的落实措施。

（8）有明确、具体的应急程序和处置措施，并与其应急能力相适应。

（9）有明确的应急保障措施，满足本地区、本部门、本单位的应急工作需要。

（10）应急预案基本要素齐全、完整，应急预案附件提供的信息准确。

（11）应急预案的内容与相关应急预案相互衔接。

（12）应急预案中应包含在应急准备、应急响应、应急恢复与事故调查各个阶段的信息沟通与公众信息通报内容。

3. 应急预案的编制步骤是什么？

（1）调查研究。在制定预案之前，应对预案所涉及的区域进行全面调查。调查内容主要包括危险化学品的种类、数量、分布状况，当地的气象、地理、环境和人口分布特点，社会公用设施及救援能力与资源现状等。

（2）危险源评估。在制定预案之前，应组织有关领导和专业人员对危险源进行科学评估，以确定危险源目标，探讨救援对策，为制定预案提供科学依据。

（3）分析总结。对调查得来的各种资料，组织专人进行分类汇总，做好调查分析和总结，为制定预案做好准备。

（4）编制预案。视救援目标的种类和危险度，结合本企业的救援能力，编制相应的应急救援预案。

（5）科学评估。应组织专家对编制的预案进行评审，经修改完善后，报企业领导审定。

（6）审核实施。预案经企业领导审校批准后，正式颁布实施。

4. 企业如何开展应急预案的评审、公布和备案工作？

应急预案编制完成后，应进行评审。评审由本企业主要负责人组织有关部门和人员进行。外部评审由上级主管部门或地方政府负责应急管理的部门组织审查。评审后，按规定报有关部门备案，并经企业主要负责人签署发布。

5. 应急预案在什么情况下应当及时修订？

根据《生产安全事故应急预案管理办法》第三十六条的规定，有下列情形之一的，应急预案应当及时修订并归档：

（1）依据的法律、法规、规章、标准及上位预案中的有关规定发生重大变化的。

（2）应急指挥机构及其职责发生调整的。

（3）安全生产面临的风险发生重大变化的。

（4）重要应急资源发生重大变化的。

（5）在应急演练和事故应急救援中发现需要修订预案的重大问题的。

（6）编制单位认为应当修订的其他情况。

6. 应急预案的作用是什么？

（1）应急预案确定了应急救援的范围和体系，使应急管理不再无据可依、无章可循。尤其是通过培训和演练，可以使应急人员熟悉自己的任务，具备完成指定任务所需的相应能力，并检验预案和行动程序，评估应急人员的整体协调性。

（2）应急预案有利于做出及时的应急响应，减轻事故后果。应急预案预先明确了应急各方的职责和响应程序，在应急资源等方面进行了先期准备，可以指导应急救援迅速、高效、有序地开展，将事故的人员伤亡、财产损失和环境破坏降到最低限度。

（3）应急预案是各类重大事故的应急基础。通过编制应急预案，可以对事故起到基本的应急指导作用，成为开展应急救援的"底线"。在此基础上，可以针对特定事故类别编制专项应急预案，并有针对性地开展专项应急准备活动。

（4）应急预案建立了与上级单位和部门应急救援体系的衔接。通过编制应急预案，可以确保当发生超过本级应急能力的重大事故时与有关应急机构的联系和协调。

（5）应急预案有利于提高风险防范意识。应急预案的编制、评审、发布、宣传、教育和培训，有利于各方了解可能面临的重大事故及其相应的应急措施，有利于促进各方提高风险防范的意识和能力。

7. 应急预案的编制原则是什么？应急预案编制工作包括哪些内容？

根据《生产经营单位生产安全事故应急预案编制导则》（GB/T 29639—2020）的要求，应急预案的编写应当遵循以人为本、依法依规、符合实际、注重实效的原则，以应急处置为核心，体现自救互救和先期处置的特点，做到职责明确、程序规范、措施科学，尽可能简明化、图表化、流程化。

应急预案编制工作包括但不限于下列内容：

（1）依据事故风险评估及应急资源调查结果，结合本单位组织管理体系、生产规模及处置特点，合理确立本单位应急预案体系。

（2）结合组织管理体系及部门业务职能划分，科学设定本单位应急组织机构及职责分工。

（3）依据事故可能的危害程度和区域范围，结合应急处置权限及能力，清晰界定本单位的响应分级标准，制定相应层级的应急处置措施。

（4）按照有关规定和要求，确定事故信息报告、响应分级与启动、指挥权移交、警戒疏散方面的内容，落实与相关部门和单位应急预案的衔接。

二、应急演练

1. 危险化学品单位如何开展重大危险源应急演练工作？

根据《危险化学品重大危险源监督管理暂行规定》第二十一条的规定，危险化学品单位应当制订重大危险源事故应急预案演练计划，并按照下列要求进行事故应急预案演练：

（1）对重大危险源专项应急预案，每年至少进行一次。

（2）对重大危险源现场处置方案，每半年至少进行一次。

应急预案演练结束后，危险化学品单位应当对应急预案演练效果进行评估，撰写应急预案演练评估报告，分析存在的问题，对应急预案提出修订意见，并及时修订完善。

2. 生产安全事故应急演练的目的是什么？

根据《生产安全事故应急演练基本规范》（AQ/T 9007—2019）的规定，应急演练的目的在于验证预案的可行性及符合实际情况的程度，具体如下：

（1）检验预案。发现应急预案中存在的问题，提高应急预案的针对性、实用性和可操作性。

（2）完善准备。完善应急管理标准制度，改进应急处置技术，补充应急装备和物资，提高应急能力。

（3）磨合机制。完善应急管理部门、相关单位和人员的工作职责，提高协调配合能力。

（4）宣传教育。普及应急管理知识，提高参演和观摩人员风险防范意识和自救互救能力。

（5）锻炼队伍。熟悉应急预案，提高应急人员在紧急情况下妥善处置事故的能力。

（6）通过演练可以发现预案中存在的问题，为修正预案提供实际资料。尤其是通过演练后的讲评、总结，可以暴露预案中未曾考虑的问题和找出改正的建议，是提高预案质量的重要步骤。

3. 应急演练的基本要求和内容是什么？

（1）基本要求。应急演练是一项复杂的系统工程，为了使演练达到预期效果，演练计划必须细致周密，要把各级应急救援力量和应该配备的器材组成统一的整体。

（2）基本内容。演练的基本内容是根据演练的任务要求和规模确定的，一般应考虑的内容是各演练活动时间顺序合乎逻辑性；各演练单位相互支援、配合及协调程度，系统运行情况，厂内应急情景，急救与医疗，厂内洗消，染毒空气监测与化验，事故区清点人数及人员控制，防护指导，通信及报警信号联络，各种标志布设，交通控制及交通道口的管理，治安工作，演练资料汇总，演练总结。

4. 应急演练的类型有哪些？

应急演练按演练的形式分为桌面演练和实战演练。

（1）桌面演练。桌面演练是由应急组织的代表或关键岗位人员参加，按照应急预案及其标准工作程序讨论紧急情况时应采取行动的演练活动。桌面演练的特点是对演练情景进行口头演练，一般在会议室内进行。其主要目的是锻炼参演人员解决问题的能力，以及解决应急组织相互协作和职责划分的问题。

桌面演练一般仅限于有限的应急响应和内部协调活动，参演人员主要来自本地应急组织，事后一般采取口头评论的形式收集参演人员的建议，并提交一份简短的书面报告，总结演练活动和提出有关改进应急响应工作的建议。桌面演练方法成本较低，主要为实战演练做准备。

（2）实战演练。实战演练是指针对某项应急响应功能或其中某些应急响应行动进行的演练活动，主要目的是针对应急响应功能，检验应急人员以及应急体系的策划和响应能力。例如，指挥和控制功能的演练，其目的是检测、评价多个政府部门在紧急状态下实现集权式的运行和响应力，演练地点主要集中在若干个应急指挥中心或现场指挥部，并开展有限的现场活动，调用有限的外部资源。

实战演练比桌面演练规模要大，需动员更多的应急人员和机构，因而协调工作的难度也随着更多组织的参与而加大。

5. 应急演练的工作程序有哪些？

（1）全体演练单位及观摩人员集中到指定区域待命。

（2）报警：发生危险化学品应急事故，向应急指挥部报告。

（3）应急指挥部下达启动相应应急预案的指令。

（4）交通治安管理组进行交通管制，设置警戒区域，除应急抢险人员和车辆外，其他人员和车辆不得进入该危险区域。对灾区实施治安巡逻，保障灾区安全。

（5）应急抢险组发出警报信息，紧急通知危险区域的员工按原定的路线有序安全转移；组织应急小分队火速赶往灾区，按照原定的编制序列目标任务快速赶到事故区域实施抢救，迅速将事故区域人员和物资安全有序地撤离到各临时安置点。

（6）事故调查监测组继续跟踪监测事故情况，有情况及时报告。

（7）医疗卫生组组织医疗卫生紧急抢救队伍进入事故区域，进行伤病员的抢救及转移工作。

（8）后勤物资保障组负责转移到各临时安置点的灾民安置工作，确保救灾抢险指挥的通信与网络畅通。

（9）做好撤离、应急抢救、交通治安、后勤保障、医疗卫生和事故调查监测等应急演练的各项记录。

（10）由应急总指挥宣布演练结束。

6. 应急演练工作原则是什么？

（1）符合相关规定。按照国家相关法律、法规、标准及有关规定组织开展演练。

（2）依据预案演练。结合生产面临的风险及事故特点，依据应急预案组织开展演练。

（3）注重能力提高。突出以提高指挥协调能力、应急处置能力和应急准备能力为目的组织开展演练。

（4）确保安全有序。在保障应急人员、设备设施及演练场所安全的条件下组织开展演练。

7. 应急演练计划应如何制订？

（1）需求分析。全面分析和评估应急预案、应急职责、应急处置工作流程和指挥调度程序、应急技能、应急装备和物资的实际情况，提出需通过应急演练解决的问题，有针对性地确定应急演练目标，提出应急演练的初步内容和主要科目。

（2）明确任务。确定应急演练的事故情景类型、等级、发生地域、演练方式，参演单位应急演练各阶段主要任务，应急演练实施的拟定日期。

（3）制订计划。根据需求分析及任务安排组织人员编制演练计划文本。

8. 应急演练的准备内容有哪些?

根据《生产安全事故应急演练基本规范》(AQ/T 9007—2019)的要求,应急演练的准备内容主要如下:

(1)成立演练组织机构。综合演练通常应成立演练领导小组,负责演练活动筹备和实施过程中的组织领导工作,审定演练工作方案、演练工作经费、演练评估总结以及其他需要决定的重要事项。演练领导小组下设策划与导调组、宣传组、保障组、评估组。根据演练规模大小,其组织机构可进行调整。

(2)编制文件。主要编写工作方案、演练脚本、评估方案、观摩方案、观摩手册、宣传方案等。

(3)做好演练工作保障,包括人员、经费、物资、安全、通信保障等相关事项。

9. 应急演练总结报告的内容有哪些?

应急演练结束后,演练组织单位应根据演练记录、演练评估报告、应急预案现场总结材料,对演练进行全面总结并形成演练书面总结报告。报告可对应急演练准备、策划工作进行简要总结分析。应急演练总结报告的主要内容如下:

(1)演练基本概要:演练的组织及承办单位、演练形式、演练模拟的事故名称、发生的时间和地点、事故过程的情景描述、主要应急行动等。

(2)演练评估过程:演练评估工作的组织实施过程和主要工作安排。

(3)演练情况分析:依据演练评估表格的评估结果,从演练的准备及组织实施情况、参演人员表现等方面具体分析好的做法和存在的问题以及演练目标的实现、演练成本效益分析等。

(4)改进的意见和建议:对演练评估中发现的问题提出整改的意见和建议。

(5)评估结论:对演练组织实施综合评价,并给出优(无差错地完成了所有应急演练内容)、良(达到了预期的演练目标,差错较少)、中(存在明显缺陷,但没有影响实现预期的演练目标)、差(出现了重大错误,演练预期目标受到严重影响,演练被迫中止,造成应急行动延误或资源浪费)等评估结论。

应急演练活动结束后,演练组织单位应将应急演练工作方案、应急演练书面评估报告、应急演练总结报告等文字资料以及记录演练实施过程的相关图片、视频、音频资料归档保存。

10. 应急演练评估方案的内容有哪些?

（1）演练信息：目的和目标情景描述，应急行动与应对措施简介。

（2）评估内容：各种准备、组织与实施、效果。

（3）评估标准：各环节应实现的目标评判标准。

（4）评估程序：主要步骤及任务分工。

（5）附件：所需要用到的相关表格。

❓ **思考题**

1. 企业应如何组织应急预案编写工作?

2. 企业在演练结束后，如何编制应急演练工作总结报告?

第二节　重大危险源事故应急处置

一、应急响应

1. 事故应急救援的原则和任务是什么?

事故应急救援的基本原则是预防为主、统一协调、迅速有效。即在预防为主的情况下，实行统一指挥、分级负责、区域为主、单位自救和社会救援相结合。重大危险源事故发生的突然性、发生后的迅速扩散性以及波及范围广的特点，决定了应急救援行动必须迅速、准确、有序和有效。因此，救援工作实行在企业主要负责人统一指挥下的分级负责制，以区域为主，根据事故的发展情况，采取单位自救与社会救援相结合的方式，能够充分发挥事故单位及所在地区的优势和作用。

事故应急救援的基本任务如下：

（1）抢救受害人员。抢救受害人员是事故应急救援的重要任务。在救援行动中，及时、有序、科学地实施现场抢救和安全转送伤员对挽救受害人的生命、稳定病情、减小伤残率以及减轻受害人的痛苦等具有重要的意义。

（2）控制危险源。及时有效地控制造成事故的危险源是事故应急救援的重要任务。只有控制了危险源，防止事故进一步扩大和发展，才能及时有效地实施救援行动。特别是发生在重大危险源区域的化学品泄漏事故，应尽快组织工程抢险队与事故单位技术人员一起及时控制事故的继续扩展。

（3）指导群众防护，组织群众撤离。应及时指导和组织群众采取各种措施进行自身防护，并迅速撤离危险区域或可能发生危险的区域。在撤离过程中，积极开展群众自救与互救工作。

（4）消除事故危害后果。针对事故对人体、土壤、水源、空气等造成的现实危害和可能危害，迅速采取封闭、隔离、洗消等措施。对外溢的有毒有害物质和可能对人及环境继续造成危害的物质，应及时组织人员进行清除。对危险化学品造成的危害进行监测与监控，并采取适当的措施直至符合国家环境保护标准。

（5）查清事故原因，评估危害程度。事故发生后应及时调查事故的发生原因和事故性质，估算出事故的波及范围和危险程度，查明人员伤亡情况，做好事故调查。

为了保证事故应急救援任务的完成，化工企业应建立本单位的救援组织机构，明确救援执行部门和专用电话，制定救援协作网，疏通纵横关系，以提高应急救援行动中协同作战的效能，便于做好事故自救。

2. 事故应急响应程序包括哪些内容？

企业主要负责人在事故发生后，按照发生事故等级要求进行信息报告、预警及响应启动等相关工作。响应程序如下：

（1）信息报告，具体包括以下内容：

1）信息接报。明确应急值守电话，事故信息接收和内部通报的程序、方式和责任人，向上级主管部门、上级单位报告事故信息的流程、内容、时限和责任人，以及向本单位以外的有关部门或单位通报事故信息的方法、程序和责任人。

2）信息处置与研判。明确响应启动的程序和方式。根据事故性质、严重程度、影响范围和可控性，结合响应分级明确的条件，可由应急领导小组做出响应启动的决策并宣布，或者依据事故信息是否达到响应启动的条件自动启动。若未达到响应启动条件，应急领导小组可做出预警启动的决策，做好响应准备，实时跟踪事态发展。响应启动后，应注意跟踪事态发展，科学分析处置需求，及时调整响应级别，避免响应不足或过度响应。

（2）预警，具体包括以下内容：

1）预警启动。明确预警信息发布渠道、方式和内容。

2）响应准备。明确做出预警启动后应开展的响应准备工作，包括队伍、物资、装备、后勤及通信。

3）预警解除。明确预警解除的基本条件、要求及责任人。

（3）响应启动。确定响应级别，明确响应启动后的程序性工作，包括应急会议召开、信息上报、资源协调、信息公开、后勤及财力保障工作。根据预警分析确定响应级别，应急响应过程包括报警、接警、警情判断、应急启动、救援行动、资源调配、事态控制、应急结束、应急恢复等。

（4）应急处置。明确事故现场的警戒疏散、人员搜救、医疗救治、现场监测、技术支持、工程抢险及环境保护方面的应急处置措施，并明确人员防护的要求。应急处置应以"救人第一，救物第二""防止扩散第一，减少损失第二""先控制，后处理"为原则，避免生产装置、储罐、管道破裂造成事故进一步扩大。

（5）应急支援。当事态无法控制时，明确向外部（救援）力量请求支援的程序及要求、联动程序及要求，以及外部（救援）力量到达后的指挥关系。外部救援力量到达后，企业主要负责人应安排专人对外部救援力量进行路线指引，向外部救援力量报告事故概况、现场救援等情况，并移交指挥权。

（6）响应终止。明确响应终止的基本条件、要求和责任人。

应急响应终止条件：事故发生的条件已经消除，损坏的设备设施已和系统断开，无次生、衍生灾害发生的可能，确认现场人员全部撤离，事故现场清理完毕。

3. 发生生产安全事故后，企业应及时采取哪些应急响应措施？

发生生产安全事故后，企业主要负责人应当根据响应级别，开展信息报告、预警等相关工作，并应当采取以下应急响应措施：

（1）迅速控制危险源，组织抢救受害人员。

（2）根据事故危害程度，组织现场人员撤离或者采取可能的应急措施后撤离。

（3）及时通知可能受到事故影响的单位和人员。

（4）采取必要措施，防止事故危害扩大和次生、衍生灾害发生。

（5）根据需要请求邻近的应急救援队伍参加救援，并向参加救援的应急救援队伍提供相关技术资料、信息和处置方法。

（6）维护事故现场秩序，保护事故现场和相关证据。

二、应急授权

1. 什么是异常工况处理授权决策机制？

当化工生产过程中出现可能危及人身安全的异常工况时，第一时间发现问题的往往是现场作业人员。有的异常工况处理非常紧急，容不得现场作业人员请示上级领导、逐级许可，时间的拖延可能会使情况变得更加复杂严峻。为避免这一情况出现，《危险化学品企业安全风险隐患排查治理导则》要求企业主要负责人应组织建立一套应急处理机制，并授权相关人员在出现某些异常工况时，可以立即采取决断措施实施停车并紧急撤离。

《中华人民共和国安全生产法》第五十五条明确规定，从业人员发现直接危及人身安全的紧急情况时，有权停止作业或者在采取可能的应急措施后撤离作业场所。生产经营单位不得因从业人员在紧急情况下停止作业或者采取紧急撤离措施而降低其工资、福利等待遇或者解除与其订立的劳动合同。此规定一方面是对既有法律条文的细化落实，另一方面也是对近期事故教训的吸取。河南义马气化厂"7·19"爆燃事故暴露出企业异常工况下的处置决策机制存在偏差，最终酿成重大事故。此外，这也是对既有实践经验的借鉴。异常工况处理授权决策机制并不是新生事物，煤矿安全领域早有应用。

2. 应如何实施好异常工况处理授权决策机制？

异常工况处理授权决策机制的建立，应在充分分析和论证企业各装置和各部位可能发生的风险及后果评估、紧急处置后造成的影响范围基础上实施，明确风险等级和授权范围。机制内容可以体现在企业的应急预案中，也可以单独制定管理规定。应避免在紧急状态下层层报告、层层审批，错过最佳处理时机。

三、应急处置

1. 应急处置的基本原则是什么？

开展危险化学品事故应急处置工作时，需要充分考量危险化学品的实际应用情况等。

危险化学品本身的事故危险性较高，实际应急处置工作需要秉持着生命第一的原则，避免人员伤亡。具体来讲，当出现危险化学品泄漏情况时，需要考量现场人员，包括实际受到侵害的人员和消防救援人员，将生命安全摆在首要位置，在应急救援的同时，避免人员伤害。一些危险化学品事故难以在第一时间处理，就不能派遣救援人员到达现场进行应急处置工作，避免救援人员受到伤害。如果现场有生命迹象，需要及时进行危险化学品事故处置工作，将生命放在首要位置，开启绿色通道。

危险化学品事故应急处置，应尽可能地降低危险化学品对救援现场环境的影响。化学品本身具有一定的危险性，出现泄漏事故时，会对现场环境造成诸多不良影响。为切实避免危险化学品的危害范围不断扩大，甚至造成次生伤害，应当做好预防处置工作，有效控制危险化学品危害范围。

合理把控事故现场，避免出现救援现场一团糟的情况。危险化学品处置危险性高，在实际处置工作中，需要工作人员结合处置现场的实际情况，灵活制定处置方案、协调分工，使各个部门能够高效地展开危险化学品应急处置工作。

2. 事故现场应急处置包括哪些内容?

在发生泄漏、火灾、爆炸和环境污染等化工事故的现场，正确、及时、有效地实施应急抢险和救援工作，是控制事故、减少损失的关键。现场应急处置工作内容如下：

(1) 设立警戒区域。事故发生后，应根据化学品泄漏扩散的情况或火焰热辐射所涉及的范围建立警戒区，并在通往事故现场的主要干道上实行交通管制。建立警戒区域时应注意以下几点：

1) 警戒区域的边界应设警示标志，并有专人进行警戒。

2) 除消防、应急处置人员以及必须坚守岗位的人员外，其他人员禁止进入警戒区域。

3) 泄漏溢出的化学品为易燃品时，区域内应严禁火种。

(2) 紧急疏散。迅速将警戒区域及污染区域内与事故处置无关的人员撤离，以减少不必要的人员伤亡。紧急疏散时应注意以下几点：

1) 如果事故物质有毒，需要佩戴劳动防护用品或采用简易有效的防护措施，并有相应的监护措施。

2) 应向上风向或侧上风方向转移，明确专人引导和护送疏散人员到安全区域，并在疏散或撤离的路线上设立哨位，指明方向。

3) 不要在低洼处滞留。

4) 要查清是否有人滞留在污染区域和着火区域。

(3) 根据事故物质的毒性及划定的危险区域，确定相应的防护等级，并根据防护等级按标准配备相应的防护器具。

(4) 询情和侦检处置，具体包括以下内容：

1) 询问遇险人员情况，容器储量、泄漏量、泄漏时间、部位、形式、扩散范围、周边单位及居民、地形、电源、火源等情况，消防设施、工艺措施、到场人员处置意见。

2) 使用检测仪器测定泄漏物质、浓度、扩散范围。

3）确认设施、建（构）筑物险情及可能引发燃烧爆炸的各种危险源，确认消防设施运行情况。

3. 事故现场应急处置的对策是什么？

（1）火灾、爆炸事故应急处置对策如下：

1）扑灭现场明火应坚持先控制、后扑灭的原则。依据危险化学品性质、火灾大小采用冷却、堵截、突破、夹攻、合击、分割、围歼、破拆、封堵、排烟等方法进行控制与灭火。

2）根据危险化学品特性，选用正确的灭火剂。禁止用水、泡沫等含水灭火剂扑救遇湿易燃物品、自燃物品火灾；禁用直流水冲击扑灭粉末状、易沸溅危险化学品火灾；禁用沙土盖压扑灭爆炸品火灾；宜使用低压水流或雾状水扑灭腐蚀品火灾，避免腐蚀品溅出；禁止对液态轻烃强行灭火。

3）有关生产部门监控装置工艺变化情况，做好应急状态下生产方案的调整和相关装置的生产平衡，优先保障应急救援所需的水、电、汽、交通运输车辆和工程机械。

4）根据现场情况和预案要求，及时决定有关设备、装置、单元或系统紧急停车，避免事故扩大。

（2）泄漏事故应急处置对策如下：

1）控制泄漏源，具体措施如下：

①在生产过程中发生泄漏，事故单位应根据生产和事故情况，及时采取控制措施，防止事故扩大。可采取停车、局部打循环、改走副线或降压堵漏等措施。

②在其他储存、使用等过程中发生泄漏，应根据事故情况，采取转料、套装、堵漏等控制措施。

2）控制泄漏物，具体措施如下：

①泄漏物控制应与泄漏源控制同时进行。

②对气体泄漏物可采取喷雾状水、释放惰性气体、加入中和剂等措施，降低泄漏物的浓度或燃爆危害。喷水稀释时，应筑堤收容产生的废水，防止水体污染。

③对液体泄漏物可采取容器盛装、吸附、筑堤、挖坑、泵吸等措施进行收集、阻挡或转移。若液体具有挥发性及可燃性，可用适当的泡沫覆盖泄漏液体。

（3）中毒、窒息事故应急处置对策如下：

1）立即将中毒者转移至上风向或侧上风向空气无污染区域，并进行紧急救治。

2）经现场紧急救治，伤势严重者立即送医院救治。

（4）其他应急处置要求如下：

1）现场指挥人员发现危及人身生命安全的紧急情况，应迅速发出紧急撤离信号。

2）若因火灾、爆炸引发泄漏、中毒事故，或因泄漏引发火灾、爆炸事故，应统筹考虑优先采取保障人员生命安全、防止灾害扩大的救援措施。

3）维护现场救援秩序，防止救援过程中发生车辆碰撞、车辆伤害、物体打击、高处坠落等事故。

❓ 思考题

1. 针对不同的事故状态，重大危险源企业应如何开展事故应急处置？

2. 开展事故应急处置时的注意事项有哪些？

第三节　应急救援器材的配备、管理、使用与维护

一、应急救援器材配备与管理

1. 涉及重大危险源场所应急救援器材的配备要求有哪些?

《危险化学品安全管理条例》第七十条规定,危险化学品单位应当制定本单位危险化学品事故应急预案,配备应急救援人员和必要的应急救援器材、设备,并定期组织应急救援演练。

《生产安全事故应急条例》规定,易燃易爆物品、危险化学品等危险物品的生产、经营、储存、运输单位,应当根据本单位可能发生的生产安全事故的特点和危害,配备必要的灭火、排水、通风以及危险物品稀释、掩埋、收集等应急救援器材、设备和物资。

《危险化学品从业单位安全标准化通用规范》(AQ 3013—2008)规定,企业应按国家有关规定,配备足够的应急救援器材,并保持完好。企业应为有毒有害岗位配备救援器材柜,放置必要的防护救护器材,进行经常性的维护保养并记录,保证其处于完好状态。

《生产安全事故应急预案管理办法》第三十八条规定,生产经营单位应当按照应急预案的规定,落实应急指挥体系、应急救援队伍、应急物资及装备,建立应急物资、装备配备及其使用档案,并对应急物资、装备进行定期检测和维护,使其处于适用状态。

2. 危险化学品单位重大危险源场所应如何配备应急救援器材?

危险化学品单位重大危险源场所配备的应急救援器材应结合构成重大危险源

的危险化学品特性以及可能发生的事故类型确定。

根据《危险化学品单位应急救援物资配备要求》（GB 30077—2013）的规定，危险化学品生产和储存单位应急救援器材的配备应符合以下要求：

（1）作业场所应急救援器材配备要求。在危险化学品单位作业场所，应急救援器材配备标准见表4-1。

表4-1　　　　　危险化学品单位作业场所应急救援器材配备标准

序号	物资名称	技术要求或功能要求	配备	备注
1	正压式空气呼吸器	技术性能符合《呼吸防护用品的选择、使用与维护》（GB/T 18664—2002）的要求	2套	
2	化学防护服	技术性能符合《化学防护服的选择、使用和维护》（AQ/T 6107—2008）的要求	2套	具有有毒、腐蚀性危险化学品的作业场所
3	过滤式防毒面具	技术性能符合《呼吸防护用品的选择、使用与维护》（GB/T 18664—2002）的要求	1个/人	类型根据有毒有害物质确定，数量根据当班人数确定
4	气体浓度检测仪	检测气体浓度	2台	根据作业场所的气体确定
5	手电筒	易燃易爆场所，防爆	1个/人	根据当班人数确定
6	对讲机	易燃易爆场所，防爆	4台	根据作业场所选择防护类型
7	急救箱或急救包	物资清单可参考《工业企业设计卫生标准》（GBZ 1—2010）	1包	
8	吸附材料或堵漏器材	处理化学品泄漏	*	以工作介质理化性质选择吸附材料，常用吸附材料为沙土（具有爆炸危险性的除外）
9	洗消设施或清洗剂	洗消受污染或可能受污染的人员、设备和器材	*	在工作地点配备
10	应急处置工具箱	工作箱内配备常用工具或专业处置工具	*	根据作业场所具体情况确定

注：表中所有"＊"表示由单位根据实际需要进行配置，不作强行规定，下同。

（2）企业应急救援人员个体防护装备配备要求。企业应急救援人员个体防护装备配备标准见表4-2。

表4-2　　　　　　　　应急救援人员个体防护装备配备标准

序号	名称	主要用途	配备	备份比	备注
1	头盔	头部、面部及颈部的安全防护	1顶/人	4:1	
2	二级化学防护服装	化学灾害现场作业时的躯体防护	1套/10人	4:1	以值勤人员数量确定，至少配备2套
3	一级化学防护服装	重度化学灾害现场全身防护	*		
4	灭火防护服	灭火救援作业时的身体防护	1套/人	3:1	指挥员可选配消防指挥服
5	防静电内衣	可燃气体、粉尘、蒸气等易燃易爆场所作业时的躯体内层防护	1套/人	4:1	
6	防化手套	手部及腕部防护	2副/人		应针对有毒有害物质穿透性选择手套材料
7	防化靴	事故现场作业时的脚部和小腿部防护	1双/人	4:1	易燃易爆场所应配备防静电靴
8	安全腰带	登梯作业和逃生自救	1根/人	4:1	
9	正压式空气呼吸器	缺氧或有毒现场作业时的呼吸防护	1具/人	5:1	以值勤人员数量确定，备用气瓶按照正压式空气呼吸器总量1:1备份
10	佩戴式防爆照明灯	单人作业照明	1个/人	5:1	
11	轻型安全绳	救援人员的救生、自救和逃生	1根/5人	4:1	
12	消防腰斧	破拆和自救	1把/人	5:1	

注：①表中"备份比"是指应急救援人员个体防护装备配备投入使用数量与备用数量之比。
②根据备份比计算的备份数量为非整数时应向上取整。
③小型危险化学品单位应急救援人员可佩戴作业场所的个体防护装备，不配备该表的装备。

　　此外，沿江河湖海的危险化学品单位应配备水上灭火抢险救援、水上泄漏物处置和防汛排涝物资。

　　（3）应急救援队伍抢险救援物资配备。对于构成重大危险源的企业，根据从

业人员数量、营业收入和危险化学品重大危险源级别，将危险化学品单位分为第
一类、第二类和第三类。危险化学品单位类别划分依据见表4-3。

表4-3　　　　　　　　　　　危险化学品单位类别划分依据

企业规模	危险化学品重大危险源级别			
	一级危险化学品重大危险源	二级危险化学品重大危险源	三级危险化学品重大危险源	四级危险化学品重大危险源
从业人数在300人以下或营业收入在2 000万元以下	第二类危险化学品单位	第三类危险化学品单位	第三类危险化学品单位	第三类危险化学品单位
从业人数在300人以上1 000人以下或营业收入在2 000万元以上40 000万元以下	第二类危险化学品单位	第二类危险化学品单位	第二类危险化学品单位	第三类危险化学品单位
从业人数在1 000人以上或营业收入在40 000万元以上	第一类危险化学品单位	第二类危险化学品单位	第二类危险化学品单位	第二类危险化学品单位

注：①表中所称的"以上"包括本数，所称的"以下"不包括本数。
②没有危险化学品重大危险源的危险化学品单位可作为第三类危险化学品单位。

对于每一类危险化学品单位，应急救援队伍配备的器材包括侦检、警戒、灭
火、通信、救生、破拆、堵漏、输转、洗消、排烟、照明及其他类型。

第一类危险化学品单位堵漏器材的配备要求见表4-4。第二类、第三类危险
化学品单位堵漏器材的配备要求参见《危险化学品单位应急救援物资配备要求》
（GB 30077—2013）。

表4-4　　　　　　　　第一类危险化学品单位堵漏器材的配备要求

序号	物资名称	主要用途或技术要求	配备	备注
1	木制堵漏楔	各类孔洞状较低压力的堵漏作业；经专门绝缘处理，防裂，不变形	1套	每套不少于28种规格
2	气动吸盘式堵漏工具	封堵不规则孔洞；气动、负压式吸盘，可输转作业	1套	根据企业实际情况和工艺特点，选配1套堵漏工具
3	粘贴式堵漏工具	各种罐体和管道表面点状、线状泄漏的堵漏作业，无火花材料		
4	电磁式堵漏工具	各种罐体和管道表面点状、线状泄漏的堵漏作业，适用温度不高于80 ℃		

续表

序号	物资名称	主要用途或技术要求	配备	备注
5	注入式堵漏工具	阀门或法兰盘堵漏作业；无火花材料，配有手动液压泵，液压不低于 74 MPa，使用温度为 -100~400 ℃	1 套	含注入式堵漏胶 1 箱
6	无火花工具	易燃、易爆事故现场的手动作业，铜制材料	1 套	每套不小于 11 种
7	金属堵漏套管	各种金属管道裂纹的密封堵漏	1 套	
8	内封式堵漏袋	圆形容器和管道的堵漏作业；由防腐橡胶制成，工作压力为 0.15 MPa，有 4 种，直径分别为 10 mm/20 mm、20 mm/40 mm、30 mm/60 mm、50 mm/100 mm	*	
9	外封式堵漏袋	罐体外部堵漏作业；由防腐橡胶制成，工作压力为 0.15 MPa，有 2 种，尺寸为 5 mm/20 mm、20 mm/48 mm	*	
10	捆绑式堵漏袋	管道断裂堵漏作业；由防腐橡胶制成，工作压力为 0.15 MPa，尺寸为 5 mm/20 mm、20 mm/48 mm	*	
11	阀门堵漏套具	阀门泄漏的堵漏作业	*	
12	管道黏结剂	小空洞或砂眼的堵漏	*	

3. 应急救援器材的管理要求有哪些?

（1）危险化学品单位应建立应急救援器材的有关制度和记录，包括器材清单、器材使用管理制度、器材测试检修制度、器材租用制度、资料管理制度、器材调用和使用记录以及器材检查维护、报废及更新记录。

（2）应急救援器材应明确专人管理。严格按照产品说明书要求，对应急救援器材进行日常检查、定期维护保养。应急救援器材应存放在便于取用的固定场所，摆放整齐，不得随意摆放、挪作他用。

（3）应急救援器材应保持完好，随时处于备战状态。器材若有损坏或影响安全使用的，应及时修理、更换或报废。

（4）应急救援器材的使用人员应接受相应的培训，熟悉装备的用途、技术性能及有关使用说明资料，并遵守操作规程。

（5）在危险化学品单位作业场所，应急救援器材应存放在应急救援器材专用柜或指定地点。

二、应急救援器材使用与维护

1. 正压式消防空气呼吸器检查、维护要求有哪些？

根据《正压式消防空气呼吸器》（XF 124—2013），对正压式消防空气呼吸器检查、维护要求如下：

（1）检查全面罩的面窗是否清洁、无划痕和裂纹，环状橡胶密封垫无灰尘、断裂等影响密封性能的因素存在；检查系带、导管、连接处有无松动、断裂。

（2）气瓶压力检查。

（3）工作压力为 30 MPa，气瓶使用压力不低于 21 MPa。

（4）系统泄漏检查。打开气瓶阀，观察压力表，待压力表指针稳定后关闭气瓶阀，1 分钟内压力下降应小于 5.0 MPa。

（5）报警器报警压力检查。打开气瓶阀，待压力达到气瓶压力后，关闭气瓶阀；然后缓慢打开冲泄阀，当压力降至 5.0 MPa 时，报警器应开始报警，声音应响亮。

（6）面罩气密性能检查。佩戴好面罩，用手掌捂住面罩与供气阀连接处，深吸一口气，检查面罩是否有泄漏处，否则应更换面罩。

（7）呼吸性能检查。面罩气密性能检查合格后，打开气瓶阀，将面罩佩戴好再将供气阀与面罩连接，关闭供气阀上的冲泄阀开关，深呼吸数次，应感觉呼吸舒畅，打开和关闭冲泄阀开关 2 次，开关应灵活，供气阀应能正常打开。

2. 空气呼吸器使用方法与注意事项有哪些？

（1）正压式空气呼吸器的使用步骤如下：

1）打开气瓶阀，检查气瓶气压（压力应高于 25 MPa），然后关闭阀门，放尽余气。

2）气瓶阀门和背托朝上，利用过肩式或交叉穿衣式背上呼吸器，适当调整肩带的上下位置和松紧，直到感觉舒适为止。

3）插入腰带插头，然后将腰带一侧的伸缩带向后拉紧扣牢。

4）撑开面罩头网，由上向下将面罩戴在头上，调整面罩位置。用手按住面罩进气口，通过吸气检查面罩密封是否良好，否则再收紧面罩紧固带，或重新戴面罩。

5）打开气瓶开关及供气阀。

6）将供气阀接口与面罩接口吻合，然后握住面罩吸气根部，左手把供气阀向里按，当听到"咔嚓"声即安装完毕。

7）应呼吸若干次检查供气阀性能。吸气和呼气都应舒畅，无不适感觉。

（2）注意事项如下：

1）必须有2名或2名以上人员协同作业，事前确定好联络信号。

2）正确佩戴面罩，检查合格即可使用。面罩与皮肤之间无头发或胡须等，确保面罩密封。供气阀要与面罩接口贴合牢固。在使用中因碰撞或其他原因造成面罩错动时，应及时屏住呼吸，以免吸入有毒气体，并立即使面罩复位，撤离作业区域。

3）严禁在有毒区域内摘下空气呼吸器的面罩。

4）经常查看压力表，注意余气量，使用过程中要注意报警器发出的报警信号。当压力降至5.0 MPa或听到报警声时，应立即撤离作业区域。

5）在使用空气呼吸器前，必须按佩戴顺序佩戴，严禁佩戴完毕后再打开气瓶开关。

6）使用过的空气呼吸器，应在登记卡上登记。

3. 化学防护服的使用、检查、维护要求有哪些？

根据《化学防护服的选择、使用和维护》（AQ/T 6107—2008），对化学防护服的使用、检查、维护要求如下：

（1）化学防护服的分类。化学防护服的防护等级分为两级：高等级和低等级。低等级的化学防护服用于避免穿着者身体偶尔接触低毒性的化学品，高等级的防护服用于避免穿着者受工作场所存在的毒品、有毒品或有害品危害。化学防护服分类见表4-5。

表4-5   化学防护服分类

类型	服装种类	服装描述
气体致密型化学防护服	可重复使用和有限次使用	内置空气呼吸器（如自给式空气呼吸器）的气体致密型化学防护服
		外置空气呼吸器的气体致密型化学防护服
		带正压供气式呼吸防护装备的气体致密型化学防护服
液体致密型化学防护服	可重复使用和有限次使用	防化学液体的化学防护服
		防化学液体的局部化学防护服
粉尘致密型化学防护服	可重复使用和有限次使用	防化学粉尘穿透的化学防护服

（2）化学防护服的选择。应根据化学品危害性选择防护性能适宜的化学防护服，并满足以下要求：

1）化学防护服的类型应满足预期的防护要求。

2）服装材料的化学防护性能和机械性能应达到预期的防护要求，同时应考虑工作环境、作业过程和使用后污染最小原则。

3）选择合身的化学防护服。

4）适当选择配套使用的其他个体防护装备。

5）用于存在爆炸危险的化学事故抢险现场的化学防护服必须附加阻燃功能和耐高温功能。

6）在易燃易爆或有静电危害的作业环境中，所使用的化学防护服必须具有防静电功能。

7）选择符合标准的化学防护服，并在服装上有明确的标识。

各类型化学防护服的选用示例见表4-6。

（3）化学防护服的使用要求如下：

1）一般原则。穿着化学防护服前，应进行外观缺陷检查。如果服装上有裂痕、严重的磨损、烧焦、老化、穿孔等明显的损坏，不允许使用。

表 4-6　　　　　　　　　　各类型化学防护服的选用示例

防护性能等级	类型	危害物性质	危害物的物理形态	适用示例	备注
高	气体致密型化学防护服	剧毒品	气体状态	化学气体泄漏事故处理，熏蒸工艺的工作场所，存在强挥发性液体（如二氯甲烷）的密闭空间	谨防化学品状态的变化，如固体的升华、液体的挥发，以及两种物质的化学反应等
		剧毒品	非挥发性的气雾/液态气溶胶	酸雾处理作业场所，特殊的喷涂作业，制药生产线	
	液体致密型化学防护服	剧毒品	非挥发性液体不间断地喷射	化学液体泄漏事故处理，化工设备（如硫酸输送压力管道）维护时化学液体意外泄漏	防液体渗透的化学防护服
		有毒品/有害品	非挥发性的雾状液体喷射	工业喷射应用（如喷漆），会产生雾状化学品的农业操作	防化学液体穿透的化学防护服
	粉尘致密型化学防护服	有毒品/有害品	固体粉尘	爆破和废料回收工作，会产生危险化学粉尘的农业操作，石棉操作	防化学粉尘和矿物纤维穿透的化学防护服
低	液体致密型化学防护服	刺激品/皮肤吸收	只有暴露时才会直接接触的低风险	一般的农作物药物喷射作业，实验室化学处理作业	防局部渗透的化学防护服

在使用化学防护服前，使用者和其他相关人员应接受适当的培训，并确保其他必要的支持系统（如净化设备、使用与维护记录体系）准备就位。

进入有害环境前，应先穿好化学防护服。在有害环境作业的人员，应始终穿着化学防护服。

化学防护服被危险化学品污染后，应在指定区域脱下服装。若危险化学品接触皮肤，应进行简单的急救处理。不同危险化学品的急救措施如下：

①剧毒品。立即脱去衣服，用大量水冲洗至少 15 min，就医。

②有毒品。脱去衣服，用大量水冲洗至少 15 min，就医。

③有害品。脱去污染的衣服，用肥皂水和清水冲洗皮肤。

④腐蚀品。立即用大量水冲洗至少 15 min，若有灼伤，就医。

2）化学防护服使用注意事项如下：

①应该实施程序化的制度确保准确地发放化学防护服。

②污垢以及残留的化学品会影响可重复使用的化学防护服的防护性能，正确消洗污染物能延长其使用的寿命或次数。

③污染后的化学防护服应按一定的顺序脱下，必要时可寻求帮助者，以最大限度减小二次污染的可能性。

以下措施可有效地阻止污染扩散：

a. 对其外层消毒时，事先除去手套和鞋类。

b. 除去化学防护服时应使内面外翻。

c. 脱去被污染的服装，若污染物可能危害呼吸系统，应考虑使用呼吸防护装备。

④脱下被污染的化学防护服时，同样应考虑帮助者的安全防护措施。

⑤脱下被污染的服装后应将其置于指定的地方，最好放在密闭容器内。

⑥不应在食品和饮料的消费区域、吸烟区和化妆区等地方穿着化学防护服。

⑦穿上化学防护服后要注意个人卫生，不应吸烟、吃东西、喝饮料、使用化妆品或者去厕所。

（4）化学防护服的维护要求如下：

1）被污染的服装处理。可重复使用的化学防护服被危险化学品污染后应及时处理，参考生产商的指导有效地进行消洗，但应注意许多化学品会渗进化学防护服并影响它的防护效力。

有限次使用的化学防护服被化学品污染后应废弃。

任何被废弃或污染过的化学防护服都应被安全处理。可由使用方按照污染物的处理要求自行处理，或由使用方委托专业废弃物处理机构进行处理。

2）清洗。清洗是清洗外层的污垢，服装内层的清洗只是出于卫生的考虑。

有限次使用的化学防护服如果未被危险化学品污染，并有明确标识可清洗的，清洗后才能再次使用。

任何清洗剂要按照生产商的建议使用，清洗人员应熟知生产商的产品清洗建议和污染物的性质。

3）修复。化学防护服清洗完毕应进行详细的检查，如果发现损坏，应根据说明书修复指导进行修复，或者寄给生产商进行修复。重新检测合格后，修复过的化学防护服方可安全使用。

4）使用记录。按照化学防护服的类型记录使用情况，使用记录的内容如下：

①该服装的标志（类型和规格）。

②生产/出厂时间。

③检查和测试的记录。

④可重复使用的化学防护服的使用记录，包括使用日期、使用情况、使用者的名字。

⑤清洗/除污相关记录。

⑥修复记录。

⑦弃用日期和原因。

4. 便携式气体检测仪使用注意事项有哪些？

（1）首先要注意轻拿轻放，严禁摔打、碰撞仪器，保持存放环境干燥通风，防止仪器受潮。

（2）避免仪器存放在温度过高或过低，或有腐蚀性气体的环境中，防止仪器外壳受到腐蚀或损坏。

（3）禁止高浓度气体的冲击，以免损坏传感器。可燃气体检测仪（催化燃烧型）要远离卤化物、硫化物、硅烷等有毒气体环境或可能释放此类气体的物质，防止传感器催化剂中毒从而影响检测效果。

（4）经常检查仪器的外观情况，根据检定规程定期做好仪器检定工作，保证仪器检测数据真实有效。

（5）首次使用便携式气体检测仪前，应检查出厂预设报警值是否符合国家标准，如不符合，则应根据说明书的操作要求重新设定报警值，方可用于现场气体检测。

❓ **思考题**

> 1. 危险化学品单位应急救援器材配备要求有哪些？
>
> 2. 应急救援器材的选择原则是什么？
>
> 3. 企业应如何做好应急救援器材管理？

第四节　事故事件管理

一、事故事件分类

1. 为什么要开展事故事件管理？

事故事件管理的主要目的是查清原因，吸取教训，避免再次发生同类事故。企业安全管理过程中，应形成鼓励员工报告各类事故事件的企业文化。企业应制定未遂事故事件管理程序，鼓励员工报告未遂事故事件，组织对未遂事故事件进行调查、分析，找出事故根源，预防事故发生。开展事故事件管理的作用包括如下几点：

（1）通过事故事件管理，可以使员工受到深刻的安全教育，吸取教训，提高遵纪守法和依规操作的自觉性，提高管理人员对安全生产重要性的认识，明确自己应负的责任，提高安全管理水平。

（2）根据事故事件的调查研究、统计报告和数据分析，从中掌握事故事件的发生原因和规律，针对生产工作中的薄弱环节采取对策，防止类似事故事件重复发生，并为制定事故应急预案提供经验。

（3）事故事件的调查研究和统计分析可以反映一个企业、一个系统或一个地区的安全生产水平，找到与同类企业、系统或地区的差距。

（4）事故的调查研究和统计分析可以使政府相关部门及时、准确、全面地掌握某地区或某系统安全生产状况，发现问题，并做出正确决策，有利于监察、监督和管理部门开展工作。

2. 什么是事故？什么是生产安全事故？事故发生具有什么特点？

（1）事故是人（个人或集体）在实现某种意图而进行的活动过程中，突然发生、违反人的意志、迫使活动暂时或永久停止的事件。事故有两方面的特征：一方面，它是意外发生的（不是计划的，也不是人为预期的）；另一方面，它导致了负面结果，产生了一定的后果。这些后果通常包括人员伤亡、财产损失、环境破坏或生产中断等。事故是一类特殊的事件，所以事故属于事件的范畴。

（2）生产安全事故是指企业在生产经营活动（包括与生产经营有关的活动）中突然发生，危害人身安全和健康，或者损坏设备设施，或者造成经济损失，导致原生产经营活动（包括与生产经营有关的活动）暂时中止或永远终止的意外事件。

（3）事故的发生存在一个孕育、发展、发生、伤害（损失）的过程，具有因果性、偶然性、必然性、潜伏性、突发性的特点。

因果性：导致事故的原因在系统中相互作用、相互影响，在一定条件下发生突变，即酿成事故。

偶然性：事故发生的时间、地点、形式、规模和事故后果的严重程度是不确定的。

必然性：危险客观存在，生产、生活过程必然会发生事故，采取措施预防事故，只能延长发生事故的时间间隔，而不能杜绝事故。

潜伏性：事故发生之前存在一个量变过程，一个系统很长时间没有发生事故，并不意味着系统是安全的。

突发性：事故一旦发生，往往十分突然，令人措手不及。

引发事故的4个基本要素是人的不安全行为、物的不安全状态、环境的不安全条件及管理的缺陷。根据统计，在伤亡事故中因不可抗拒的自然灾害或目前技术还不能解决的问题而造成的事故极少，绝大多数属于责任事故。生产企业的事故中，90%以上的事故发生在基层班组，90%以上的事故是人的不安全行为和设备隐患没能及时被发现、消除等造成的。安全技术系统可靠性和人的可靠性不足是事故发生的深层次原因，所以进行危险源辨识、评价、控制是全员、全过程、全方位实施安全管理的重要科学手段。

3. 生产安全事故的分类和事故等级是如何划分的？

（1）事故划分的方法有许多，可按照伤害方式、伤害程度、事故性质和受伤性质进行划分。

1）按伤害方式分类。《企业职工伤亡事故分类》（GB 6441—86）将企业工伤事故分为20类，分别为物体打击、车辆伤害、机械伤害、起重伤害、触电、淹溺、灼烫、火灾、高处坠落、坍塌、冒顶片帮、透水、放炮、瓦斯爆炸、火药爆炸、锅炉爆炸、容器爆炸、其他爆炸、中毒和窒息以及其他伤害等。

2）按伤害程度分类。事故发生后，根据事故给受伤害者带来的伤害程度及其劳动能力丧失的程度，可将事故分为轻伤、重伤、死亡3种类型。

①轻伤事故，指损失1个工作日至105个工作日的失能伤害。

②重伤事故，指损失工作日等于或超过105个工作日的失能伤害，重伤损失工作日最多不超过6 000个工作日。

③死亡事故，指事故发生后当即死亡（含急性中毒死亡）或负伤后在30日内死亡的事故。死亡的损失工作日超过6 000个工作日（这是根据我国职工的平均退休年龄和平均寿命计算出来的）。

3）按事故性质分类。事故可分为8类，分别是生产事故、设备事故、人身事故、火灾事故、爆炸事故、环保事故、质量事故、交通事故。

4）按受伤性质分类。受伤性质是指人体受伤的类型，指从医学角度划分的创伤的具体名称，常见的有电伤、挫伤、割伤、擦伤、刺伤、撕脱伤、扭伤、倒塌压埋伤、冲击伤等。

（2）根据《生产安全事故报告和调查处理条例》，按事故造成的人员伤亡或直接经济损失，事故一般分为以下等级：

1）特别重大事故，是指造成30人以上死亡，或者100人以上重伤（包括急性工业中毒，下同），或者 1 亿元以上直接经济损失的事故。

2）重大事故，是指造成 10 人以上 30 人以下死亡，或者 50 人以上 100 人以下重伤，或者 5 000 万元以上 1 亿元以下直接经济损失的事故。

3）较大事故，是指造成 3 人以上 10 人以下死亡，或者 10 人以上 50 人以下重伤，或者 1 000 万元以上 5 000 万元以下直接经济损失的事故。

4）一般事故，是指造成 3 人以下死亡，或者 10 人以下重伤，或者 1 000 万元以下直接经济损失的事故。

4. 什么是未遂事件？未遂事件分几类？未遂事件的等级是如何划分的？

未遂事件是指一个不希望发生的场景，如果情况稍有不同就可能导致伤害或损失事件。未遂事件虽然没有发生人员伤亡、中毒、财产损失、环境破坏或声誉损害，但后果可能导致上述损失。例如，企业工艺操作参数偏离至安全控制范围之外，安全联锁回路启动，这是一起未遂事件。如果操作参数偏离至安全控制范围之外，安全联锁回路未启动，可能就会导致反应失控，进而形成事故。

未遂事件按照事件主要原因可以分为以下 3 类：

（1）人的不安全行为引发的未遂事件。

（2）物的不安全状态引发的未遂事件。

（3）环境的不安全因素引发的未遂事件。

未遂事件按潜在后果的严重性分为以下两类：

（1）一般未遂事件：潜在后果可能导致部门（或子公司）级事故的事件。

（2）高危未遂事件：潜在后果可能导致企业级事故的事件。

5. 制度建立、原因分析、防范措施等方面对事故事件管理作了哪些规定？

做好事故事件管理是企业安全管理的一项重要工作，也是重大危险源包保责任人应该承担的一项重要任务，这项工作既具有严谨的技术性，又有严格的政策性。作为重大危险源包保责任人，做好事故事件管理，对掌握事故事件信息，认识潜在危险隐患，提高企业基层安全管理水平，采取有效的防范措施，防止事故重复发生，具有非常重要的作用。

《关于加强化工过程安全管理的指导意见》（安监总管三〔2013〕88号）从制度建立、原因分析、防范措施等方面对事故事件管理作了规定。

（1）加强未遂事件等安全事件的管理。企业要制定安全事件管理制度，加强未遂事件等安全事件（包括生产事故征兆、非计划停车、异常工况、泄漏、轻伤等）的管理。要建立未遂事件和事件报告激励机制。要深入调查分析安全事件，找出事件的根本原因，及时消除人的不安全行为和物的不安全状态。

（2）吸取事故事件教训。企业完成事故事件调查后，要及时落实防范措施，组织开展内部分析交流，吸取事故事件教训。要重视外部事故信息收集工作，认真吸取同类企业、装置的事故教训，提高安全意识和事故防范能力。

6. 如何做好事故事件管理？

很多灾难性事故的调查工作表明，在重大事故发生前，往往会先发生一些未遂事件或者轻微事故。由于它们没有造成严重的后果，不容易引起人们的注意。但是，导致它们的直接原因或根源与重大事故有相同或相似的地方。假如环境条件发生改变，这些根源（管理上的缺陷）就可能导致灾难性的事故。所以，对未遂事件进行调查，找出相关的直接原因和根源，并及时落实改进措施，有助于防止重大事故发生。

企业要制定安全事件管理制度，对涉险事件、未遂事件等安全事件，按照重大、较大、一般等级别，进行分级管理，制定整改措施，防患于未然。建立安全事件报告激励机制，鼓励员工和基层单位报告安全事件，使企业安全管理由单一的事后处罚，转向事前奖励和事后处罚相结合。强化事故事前控制，关口前移，积极消除人的不安全行为和物的不安全状态，把事故消灭在萌芽状态。

（1）充分认识未遂事件管理的难度，具体如下：

1）未遂事件很难界定。由于未遂事件没有导致人身伤害或财产损失，界定和判断起来有难度。

2）未遂事件很难上报。现场员工和承包商不愿报告未遂事件，主要原因如下：

①因为担心遭到处罚，员工和承包商通常有隐瞒未遂事件的倾向。

②员工和承包商顾及自己或他人的面子，不愿意报告未遂事件。

③员工和承包商不了解如何报告未遂事件，或者企业没有建立便捷的报告途径，或者员工和承包商报告之后没有获得积极的反馈。

（2）实施未遂事件管理措施，具体如下：

1）重大危险源技术负责人应充分认识未遂事件管理的重要性和作用，以实际行动支持未遂事件管理的实施。

2）准确划分未遂事件。将如果条件稍有不同就可能引起伤害和财产损失的情形，界定为需要上报和处理的事件，并分级为重大未遂事件、一般未遂事件。

3）明确未遂事件的管理过程。针对报告、处理、原因分析、纠正、统计分析、学习和分享等环节，用程序和制度明确下来。

4）建立未遂事件报告的工具，如观察和沟通卡、未遂事件报告表等。

5）对企业员工进行相关程序和管理工具的培训，如安全观察和沟通培训、报告和处理程序培训等。

6）建立事件上报激励机制，激励报告未遂事件。企业发生未遂事件后，未遂事件发现人应及时报告至基层部门。基层部门应根据未遂事件的潜在严重性和分析难度决定是否报告至上级主管部门，高危未遂事件应逐级报告至上级主管部门。未遂事件发现人应于 12 h 内报告至基层单位，高危未遂事件应于 24 h 内逐级报告至企业主管部门。

7）开展未遂事件的调查、分析、处理、统计、报告和考评。

7. 事故致因理论的原理是什么？什么是事故频发倾向理论？什么是海因里希因果连锁理论？什么是能量意外释放理论？

事故致因理论是从大量典型事故的根本原因分析中所提炼出的事故机理和事故模型。这些机理和模型可以反映事故发生的规律性，能够为事故原因的定性定量分析、事故的预测预防和改进安全管理工作提供科学的、完整的依据。

事故致因理论的发展经历了 3 个阶段，即以事故频发倾向论和海因里希因果连锁论为代表的早期事故致因理论、以能量意外释放论为主要代表的第二次世界大战后的事故致因理论、现代的系统安全理论。

几个具有代表性的事故致因理论概括如下：

（1）事故频发倾向理论。1919 年，英国的格林伍德和伍兹把许多伤亡事故发生次数按照泊松分布、偏倚分布和非均等分布进行了统计分析后发现，当发生事故的概率不存在个体差异时，即不存在事故频发倾向者时，一定时间内事故发生的次数服从泊松分布。一些工人由于存在精神或心理方面的问题，如果在生产操作过程中发生过一次事故，则会造成胆怯或神经过敏，当再继续操作时，就有重复发生第二次、第三次事故的倾向，符合这种统计分布的主要是少数有精神或心理缺陷的工人，服从偏倚分布。当工厂中存在许多特别容易发生事故的人时，发生不同次数事故的人数服从非均等分布。

在此研究基础上，1939 年，法默和查姆勃等人提出了事故频发倾向理论。事故频发倾向是指个别容易发生事故的、稳定的、个人的内在倾向。事故频发倾向者的存在是导致工业事故发生的主要原因，即少数具有事故频发倾向的工人是事故频发倾向者，他们的存在是导致工业事故发生的原因。如果企业中减少了事故频发倾向者，就可以减少工业事故。

尽管事故频发倾向论把工业事故归因于少数事故频发倾向者的观点是错误的，然而从职业适合性的角度来看，关于事故频发倾向的认识也有一定可取之处。

（2）海因里希因果连锁理论。美国安全工程师海因里希提出了事故因果连锁理论。该理论认为，伤害事故的发生不是一个孤立的事件，尽管伤害事故可能在某一瞬间发生，但它却是一系列具有一定因果关系的事件相继作用与发生的结果。

海因里希把工业伤害事故的发生发展过程描述为具有一定因果关系事件的连锁，即人员伤亡的发生是事故的结果，事故的发生原因是人的不安全行为或物的不安全状态，人的不安全行为或物的不安全状态是人的缺点造成的，人的缺点是不良社会环境诱发或者是先天的遗传因素造成的。

海因里希将事故因果连锁过程概括为以下 5 个因素：遗传及社会环境、人的缺点、人的不安全行为或物的不安全状态、事故、伤害。海因里希用多米诺骨牌来形象地描述这种事故因果连锁关系。在多米诺骨牌系列中，一块骨牌被碰倒后，将发生连锁反应，其余的几块骨牌相继被碰倒。如果移去因果连锁中的任一块骨牌，则连锁被破坏，事故过程被中止。海因里希认为，企业安全工作的中心就是要移去中间的骨牌——防止人的不安全行为或消除物的不安全状态，从而中断事故连锁的进程，避免伤害发生。

事故因果连锁中一个最重要的因素是管理。完全依靠工程技术上的改进来预防事故是不现实的，完善的安全管理工作才能防止事故发生。如果管理上出现缺陷，就会使导致事故的基本原因出现。

（3）能量意外释放理论。1961 年，吉布森提出了事故是一种不正常的或不希望的能量释放，各种形式的能量是构成伤害的直接原因。因此，应该通过控制能量或控制能量到达人体的媒介来预防伤害事故。在吉布森的研究基础上，1966年哈登完善了能量意外释放理论，提出"人受伤害的原因只能是某种能量的转移"，并提出了能量逆流于人体造成伤害的分类方法，将伤害分为两类：第一类伤害是由于转移到人体的能量超过了局部或全身性损伤阈值；第二类伤害是由影响了局部或全身性能量交换引起的，主要指中毒、窒息和冻伤。哈登认为，在一定条件下，某种形式的能量能否产生伤害造成人员伤亡事故取决于能量大小、接触能量的时间长短和频率以及力的集中程度。根据能量意外释放论，可以利用各种屏蔽来防止意外的能量转移，从而防止事故的发生。

防止能量意外释放的措施可以概括为以下几个方面：

1）用较安全的能源替代较危险的能源。

2）限制能量。

3）防止能量蓄积。

4）降低能量释放速度。

5）开辟能量异常释放的渠道。

6）设置屏障。

7）从时间和空间上将人与能量隔离。

8）设置警告信息。

二、事故事件报告

1. 发生生产安全事故后企业应如何上报？报告的内容包括哪些？

根据《生产安全事故报告和调查处理条例》的规定，发生生产安全事故后，事故发生单位事故现场有关人员应当立即向本单位负责人报告；单位负责人接到报告后，应当于 1 小时内向事故发生地县级以上人民政府应急管理部门和负有安全生产监督管理职责的有关部门报告。

情况紧急时，事故现场有关人员可以直接向事故发生地县级以上人民政府应急管理部门和负有安全生产监督管理职责的有关部门报告。

事故报告后出现新情况的，应当及时补报。自事故发生之日起 30 日内，事故造成的伤亡人数发生变化的，应当及时补报。

根据《生产安全事故报告和调查处理条例》的规定，发生生产安全事故后，事故发生单位向事故发生地县级以上人民政府应急管理部门和负有安全生产监督管理职责的有关部门报告事故，一般应以书面形式报告，情况特别紧急时，可用电话口头初报，随后再书面报告。报告内容如下：

（1）事故发生单位概况。

（2）事故发生的时间、地点以及事故现场情况。

（3）事故的简要经过。

（4）事故已经造成或者可能造成的伤亡人数（包括下落不明的人数）和初步估计的直接经济损失。

（5）已经采取的措施。

（6）其他应当报告的情况。

2. 何谓迟报、漏报、谎报、瞒报生产安全事故？

迟报是指超过《生产安全事故报告和调查处理条例》或者其他有关规定的时限报告事故情况，包括故意拖延不报。漏报是指因过失对应上报的事故或者事故发生的时间、地点、类别、伤亡人数、直接经济损失等内容遗漏未报。谎报是指故意不如实报告事故发生单位概况，事故发生的时间、地点、简要经过，现场情况，已经造成和可能造成的伤亡人数，事故类别，直接经济损失等有关内容。瞒报是指隐瞒已发生的事故，超过规定时限未向安全监管监察部门和有关部门报告，并经查证属实的。发生生产安全事故后，事故发生单位在限定时限内不主动向法定部门如实报告，在被有关部门发现并开展调查时才不得已告知事故真相的，仍属瞒报事故。

为了最大限度抑制违法行为，保证相关部门及时、准确掌握事故的全部信息，《中华人民共和国安全生产法》第八十四条对"隐瞒不报、谎报或者迟报"行为作了禁止性规定。

3. 发生生产安全事故后，谎报、瞒报的后果是什么？

根据《生产安全事故报告和调查处理条例》第三十六条的规定，事故发生单位及其有关人员有谎报或者瞒报事故的行为，对事故发生单位处 100 万元以上 500 万元以下的罚款；对主要负责人、直接负责的主管人员和其他直接责任人员处上一年年收入 60% 至 100% 的罚款；属于国家工作人员的，并依法给予处分；构成违反治安管理行为的，由公安机关依法给予治安管理处罚；构成犯罪的，依法追究刑事责任。

根据《中华人民共和国刑法》第一百三十九条的规定，在安全事故发生后，负有报告职责的人员不报或者谎报事故情况，贻误事故抢救，情节严重的，处 3 年以下有期徒刑或者拘役；情节特别严重的，处 3 年以上 7 年以下有期徒刑。

三、事故事件调查

1. 生产安全事故调查处理的一般要求是什么？

根据《中华人民共和国安全生产法》第八十六条的规定，事故调查处理应当按照科学严谨、依法依规、实事求是、注重实效的原则，及时、准确地查清事故原因，查明事故性质和责任，评估应急处置工作，总结事故教训，提出整改措施，并对事故责任单位和人员提出处理建议。事故调查报告应当依法及时向社会公布。

生产安全事故的调查处理具有很强的科学性和技术性，特别是事故原因的调查，往往需要进行很多技术上的分析和研究，利用很多技术手段。事故发生后，事故调查主体、调查程序和调查结果的认定，要严格依法依规执行。对于事故性质、原因和责任的分析，要按照有关规定和标准进行，做到于法（规）有据。在事故调查中，必须全面、彻底查清生产安全事故的原因，不得夸大或缩小事故事实，不得弄虚作假。要从实际出发，在查明事故原因的基础上明确事故责任。提出处理意见要实事求是，不得从主观出发，不能感情用事，要根据事故责任划分，按照法律、法规和国家有关规定对事故责任人提出处理意见。要注重调查的效率，在调查过程中及时发现问题，总结教训，对今后的类似事故起到警示作用。

2. 企业如何配合生产安全事故调查？

根据《生产安全事故报告和调查处理条例》的规定，事故发生后，有关单位和人员应当妥善保护事故现场以及相关证据，任何单位和个人不得破坏事故现场、毁灭相关证据。因抢救人员、防止事故扩大以及疏通交通等原因，需要移动事故现场物件的，应当做出标志，绘制现场简图并做出书面记录，妥善保存现场重要痕迹、物证。

事故调查组有权向有关单位和个人了解与事故有关的情况，并要求其提供相关文件、资料，有关单位和个人不得拒绝。

事故发生单位的负责人和有关人员在事故调查期间不得擅离职守，并应当随时接受事故调查组的询问，如实提供有关情况。

任何单位和个人不得阻挠和干涉对事故的报告和依法调查处理。

3. 对于企业内部的安全事件，应如何开展事件调查？

（1）成立事件调查组，相关要求如下：

1）未遂事件由事件发生部门进行调查，分析事件原因，提出并落实整改措施。企业安全管理部门负责审核事件调查情况，并监督整改措施落实。事件或涉险事故发生后，企业安全管理部门组织成立事件调查组，安全管理部门领导担任组长。重大事件发生后，企业安委会组织成立事件调查组，总经理担任组长。

2）事件调查组人员包括事件发生部门、安全管理部门、人力资源部、工会、其他相关部门的领导及设备厂商等。

3）调查过程中，可根据需求，邀请相关部门参与调查，相关部门必须积极配合。

4）员工有权利及义务参与事件调查。

（2）原始资料收集，具体要求如下：

1）事件发生后，事件调查组依据事件确认单进行现场原始资料收集。

2）事件发生部门应积极配合资料收集工作。

3）事件发生后，事件发生部门应及时向安全管理部门提交事件简报，并对简报内容的真实性负责。

4）事件简报应包括事件基本信息，如发生部门、事件类别、事件时间、事件地点、事件设备、事件人员信息、初步估计的直接经济损失等；事件简要经过及影响；初步原因分析；临时措施。

（3）完成事件调查报告，具体要求如下：

1）事件调查组应于事件发生后及时完成事件调查，并完成事件调查与处理报告。

2）事件调查报告应包括事件基本信息，如事件部门、事件类别、事件时间、事件地点、事件设备、事件人员信息等；事件经过及影响；原因分析，包含直接原因、间接原因、事件性质等内容分析；整改及防范措施，须有临时措施、永久措施、管理制度等各项措施的实施方案及日期；处理意见。

3）事件调查组应编制事件调查报告并向企业决策层（安委会）汇报事件调查结果，并提出事件处理意见，由决策层（安委会）审议。

（4）整改措施落实，具体要求如下：

1）事件调查组应在事件报告中制定改善和预防措施。

2）整改责任部门在规定期限内完成全部整改措施后，向事件调查组提交整改结果。事件调查组组织相关部门进行现场确认。整改责任部门编制事件整改报告，提交决策层（安委会）审议。

4. 事故调查的"四不放过"原则是指什么？

事故调查的"四不放过"原则是指事故原因未查清不放过、事故责任人未受到处罚不放过、事故责任人和广大群众未受到教育不放过、防范措施未落实不放过。其含义如下：

（1）事故原因未查清不放过原则。在调查处理伤亡事故时，首先要把事故原因分析清楚，找出导致事故发生的真正原因，不能敷衍了事，不能在尚未找到事故主要原因时就轻易下结论，也不能把次要原因当成真正原因。未找到真正原因决不轻易放过，直至找到事故发生的真正原因，并厘清各因素之间的因果关系，才算达到事故原因分析的目的。

（2）事故责任人未受到处罚不放过原则。这一原则是事故责任追究制的具体体现，对事故责任者要严格按照事故责任追究规定和有关法律、法规的规定进行严肃处理。

（3）事故责任人和广大群众未受到教育不放过原则。在调查处理事故时，不能仅仅完成原因分析和处理有关人员的任务，还必须使事故责任者和广大群众了解事故发生的原因及所造成的危害，并深刻认识到做好安全生产的重要性，使大家从事故中吸取教训，在今后工作中更加重视安全工作。

（4）防范措施未落实不放过原则。针对事故发生的原因，在对事故进行严肃认真调查处理的同时，还必须提出防止相同或类似事故发生的切实可行的预防措施，并督促事故发生单位加以实施。只有这样，才算达到了事故调查和处理的最终目的。

四、事故事件防范

1. 事故事件预防与控制措施有哪些？

（1）事件分析和预防措施的相关内容如下：

1）事件分析的组织。一般未遂事件由基层部门组织分析；高危未遂事件由上级部门组织分析，必要时由企业主管部门组织分析。承包商发生的未遂事件由承包商组织分析，甲方主管部门进行监督，必要时协助分析。

2）事件分析的程序和要求。事件分析人员应具有足够技能、专业知识和经验。事件分析应找出未遂事件发生的原因和潜在后果，提出防范措施，填写未遂事件报告卡。事件分析结束后，事件主管部门将事件分析信息录入安全管理系统，15 个工作日内将事件分析结果反馈给有关单位和人员，并对相关人员进行教育。

3）未遂事件的预防措施跟踪与统计分析。对于具有共性的未遂事件，应将事件分析报告上报给上级安全管理部门，基层部门、专业或职能部门应跟踪未遂事件防范措施的完成情况。企业安全管理部门定期对未遂事件的发生规律进行分析，提出安全管理改进建议，并定期将分析结果、典型未遂事件案例向企业发布，分享经验。

（2）事故预防与控制的原则。事故预防是通过采用工程技术、管理和教育等手段使事故发生的可能性降到最低，事故控制是通过采用工程技术、管理和教育等手段使事故发生后不造成严重后果或使损害尽可能减小。控制系统危险因素和事故隐患的基本原则主要如下：

1）消除潜在危险的原则。即在本质上消除事故隐患，是理想的、积极的、进步的事故预防措施。其根本做法是以新的系统、新的技术和工艺代替旧的、不安全的系统和工艺，从根本上消除事故发生的可能性。例如，用不可燃材料代替可燃材料；以导爆管技术代替导火索起爆方法；改进机器设备，消除人体操作对象和作业环境的危险因素，排除噪声、尘毒对人体的影响等，从本质上实现职业安全健康。

2）降低潜在危险程度的原则。在系统危险不能根除的情况下，尽量降低系统的危险程度。一旦发生事故，将造成的后果严重程度控制在最小。例如，手电钻等工具采用双层绝缘措施，利用变压器降低回路电压，在高压容器中安装安全阀、泄压阀以避免危险发生。

3）冗余性原则。通过多重保险、后援系统等措施，提高系统的安全系数，增加安全余量。例如，在工业生产中降低额定功率，增加钢丝绳强度，飞机系统使用双引擎，系统中增加备用装置或设备等措施。

4）闭锁原则。在系统中通过一些元器件的机器联锁或电气互锁，来保障安全，如冲压机器的安全互锁器等。

5）薄弱环节原则。在系统中设置薄弱环节，以最小的、局部的损失换取系统的总体安全，如电路中的熔丝、煤气发生炉的防爆膜、压力容器的泄压阀等。这些薄弱环节在危险情况刚出现时就被破坏，从而释放或阻断能量，以保障整个系统的安全。

6）坚固性原则。通过增加系统强度来保证安全性，如加大安全系数，提高结构强度等措施。

7）个体防护原则。根据不同作业性质和条件配备相应的劳动防护用品及用具，以减轻事故和灾害造成的伤害或损失。

8）代替作业人员的原则。在不可能消除和控制危险、有害因素的条件下，以机器、机械手、自动控制器或机器人等代替人的某些操作，防止危险、有害因素对人体的危害。

9）警告和禁止信息原则。采用光、声、色或其他标识传递信息，以保障安全，如宣传画、安全标识、板报警告等。

2. 生产安全事故发生后，企业如何开展原因分析?

生产安全事故发生后，企业应根据国家相关法律、法规和标准的规定，运用科学的事故分析手段，深入剖析事故事件的根本原因，找出安全管理体系的漏洞，从整体上提出整改措施，完善安全管理体系。事故原因一般可以分为3种：直接原因、间接原因和根本原因。分析事故时，应从直接原因入手，逐步深入到间接原因，最后分析事故的根本原因，从而掌握事故的全部原因，必要时，还应考虑外部原因。

（1）事故直接原因分析。事故的直接原因分析主要集中在物的不安全状态、人的不安全行为两个方面。

1）分析物的不安全状态主要从以下几方面考虑：

①安全防护装置，即防护、保险、信号等装置缺失或有缺陷。

②设备、设施、工具、附件有缺陷。

③生产（施工）场地环境不良。

④劳动防护用品、用具如防护服、手套、护目镜及面罩、呼吸器官护具、听力护具、安全带、安全帽、安全鞋等缺失或有缺陷。

2）分析人的不安全行为主要从以下几方面考虑：

①在没有排除故障的情况下操作，没有做好防护或提出警告。

②在不安全的速度下操作。

③使用不安全的设备或不安全地使用设备。

④处于不安全的位置或不安全的操作姿势。

⑤在运行中或有危险的设备上工作，冒险进入危险场所。

（2）事故间接原因分析。《企业职工伤亡事故调查分析规则》规定，属于下列情况者为间接原因：

1）技术和设计上有缺陷，如工业构件、建筑物、机械设备、仪器仪表、工艺过程、操作方法、维修检验等的设计、施工和材料使用存在问题。

2）教育培训不够，未经培训，缺乏或不懂安全操作技术知识。

3）劳动组织不合理。

4）对现场工作缺乏检查或指导错误。

5）安全操作规程缺失或不健全。

6）没有或不认真实施事故防范措施，对事故隐患整改不力。

7）其他。

（3）事故根本原因分析。事故根本原因主要体现在企业安全管理的制度和流程上，为管理上的缺陷。所以，要从制度或流程中找根本原因。应从以下几方面考虑：

1）安全方针的概括性、有效性。

2）组织结构的有效性。

3）安全管理程序和作业指导书等的充分性和有效性。

4）安全管理体系的建立、实施、保持和持续改进状况。

（4）事故外部原因分析。事故的外部原因包括对事故发生有影响的监管因素，供应商的产品与服务因素，自然因素，事故引发人的家庭、遗传、成长环境因素，以及影响组织的政治、经济、文化、法律因素等。分析时，应具体找出其作用点和具体影响作用，为预防事故奠定基础。

3. 发生生产安全事故后，企业如何深刻吸取事故教训制定防范措施？

安全生产工作的方针是"安全第一、预防为主、综合治理"。生产安全事故发生后，主要负责人要积极协助事故调查组做好事故调查工作，通过查明事故经过和事故原因，发现安全管理工作的漏洞，从事故中总结教训，并提出整改措施，防止类似事故再次发生。重点抓好以下几方面的工作：

（1）认真贯彻落实新发展理念，始终坚持"两个至上（人民至上、生命至上）"和"安全第一"的原则和方针。

（2）强化安全领导力建设。

（3）加强安全生产合规性管理，确保具备法律、法规、标准规定的安全生产条件。

（4）加大安全投入，确保资金投入满足安全生产需要，加大对安全生产、物资、技术、人员投入的保障力度，实施本质安全提升战略。

（5）依法建立安全管理部门，建立健全并落实全员安全生产责任制，建立和不断完善各项安全管理制度和操作规程，构建以风险管理为核心、涵盖职业安全和过程安全管理的先进的安全管理体系并确保有效运行。

（6）按要求上报生产安全事故，做好事故抢险救援，妥善处理医疗救治、依法赔偿等事故善后工作。认真吸取有关事故教训，不发生重复事故。

（7）落实"三管三必须"的法律要求，实施专业安全管理提升战略。

（8）通过加强体系运行情况的内部审核，及时发现企业安全生产存在的短板和不足，集中开展安全专项治理。

（9）实施人才提升战略，构建企业自己的安全管理专业队伍和成熟操作队伍。

（10）构建优秀的企业安全文化。

（11）定期接受外部审计，解决"灯下黑"的问题。

（12）强化考核、狠抓落实、持续改进。

❓ 思考题

　　1. 如何有效防范生产安全事故？

　　2. 发生重大危险源生产安全事故后，重大危险源技术负责人应开展哪些工作？

　　3. 生产安全事故调查处理为什么要坚持"四不放过"原则？

　　4. 重大危险源技术负责人应如何鼓励员工做好事故事件上报工作？

第五节　典型事故案例剖析

1. 英国邦斯菲尔德事故发生的原因是什么？应该从中吸取哪些事故教训？

　　2005 年 12 月 11 日，英国邦斯菲尔德油库发生火灾爆炸事故，爆炸和火灾摧毁了油库的大部分设施，包括 23 个大型储油罐，以及油库附近的房屋和商业设施。事故造成 43 人受伤，直接经济损失 2.5 亿英镑。

　　该油库始建于 1968 年，主要储存燃料油，包括汽油，油品储量 19.4 万 t。油库储罐的液位控制方式有两种：一是员工通过液位计进行监测；二是储罐设有独立的高液位开关（IHLS），可以在储罐过满时自动停止收油，并将液位信号远传到控制室。事故储罐结构如图 4-1 所示。

　　（1）直接原因。导致这起重大事故的直接原因是 912 号储罐中的燃料油液位升高后，高液位报警器和高液位开关都没有发出任何动作。当罐内液位达到预设报警高度后，控制室内的操作人员未能获得任何警报信息，最后导致大量原油从罐顶溢出，形成蒸气云后被点燃，发生了巨大的爆炸和持续燃烧。爆炸后的邦斯

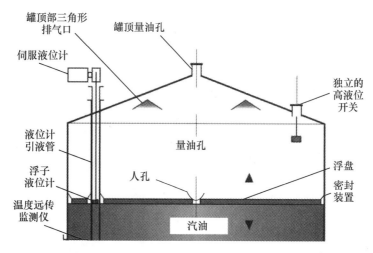

图 4-1　事故储罐结构

菲尔德油库如图 4-2 所示。

图 4-2　爆炸后的邦斯菲尔德油库

（2）间接原因。除直接原因外，事故还暴露出很多深层次原因。导致事故发生的间接原因如下：

1）储罐投用前未对安全仪表系统进行调试确认。事故储罐建设之初，安装了一个独立的高液位开关，设计方在设计时考虑到其安全可靠性，设置了挂锁，但却未能给安装者和使用者对挂锁的作用提供清晰明确的指导。安装和使用挂锁的人员不太了解挂锁的工作原理及设置挂锁的作用，作业人员以为挂锁仅仅是为了"防破坏"，所以在经过初次调试后，就将检核杆置于非作业位置，使高液位开关失去了正常工作的功能。企业在储罐正式投用前未进行再次调试，致使高液位开关存在的故障问题无人发觉。

2）设备完好性管理方面存在不足，设备"带病"运行。事故储罐在2005年8月投入运行后，液位计就经常不好用，液位监测系统失效，伺服液位计卡住（液位计显示水平线不发生变化）不好用的情况多次出现。企业虽采取一些措施临时解决了问题，但导致液位计卡住的原因始终未能确定，在明知储罐上的高液位开关不好用的情况下，储罐仍被"带病"使用。

3）重大危险源监测监控系统存在缺陷。一是该公司将多个储罐的液位监测系统提供的数据集中在一个显示屏上显示，每次只能看到其中一个储罐的完整状态，不能及时发现整个罐区某一储罐出现的异常工况，给工艺应对处置带来极大不便。二是位于企业控制室显示屏的储罐模拟图上有一个紧急停车按钮，当按下这个按钮时即可以将储罐的所有侧阀关掉。但企业很多技术人员并不知道该按钮不好用，且从未将其纳入安全仪表系统。三是罐区没有安装可燃气体检测报警器，导致溢流后没有报警。四是罐区没有安装视频监控系统，导致溢流后，操作人员未能及时发现。

4）工艺管理存在不足，交接班不清。事故调查显示，该罐区监测监控系统内置的安全系统居然允许控制室内的所有员工对其参数（包括报警设置值）进行修改，导致发生报警后储罐实际危险程度不可预知，给工艺处置带来误区。同时，该油库充装作业的操作规程缺乏细节要求，缺少异常工况处置内容及应急处理相关内容。在事故发生前的3个月间，该储罐上的液位计曾经有14次被卡住，但并未做好交接班，在故障日志上也没有这些记录。

5）变更管理缺失，未开展风险评价工作。油库扩容后，运销能力加大，大量的油罐车司机及承包商、作业人员工作负担增加，加大了人员作业的风险。员工队伍不稳定，员工离职现象多，也使员工素质有所下降。这些因扩容变更带来的风险未引起企业重视，暗藏隐患。

6）事故应急处置系统存在问题。一是企业设置的消防泵房位置不合理，导致泄漏的燃料油从防火堤内溢出并将消防泵房淹没；二是罐区防火堤既不防渗也不防火，不满足防火设计规范要求，且有与罐区无关的管线穿越防火堤，致使防火堤不能有效容纳泄漏的液体和消防废水，大量消防废水流出库区进入地下水中；三是当班员工风险意识不足，输油过程中在液位计卡住长达3个小时的时间里，控制室液位指示不发生变化，操作人员未能及时通知现场人员进行确认，也没有与上游装置人员电话沟通，直至油品满罐溢出，酿成事故。

（3）事故教训。通过分析这起事故发生的原因，吸取事故教训，可以防范类似事故重复发生。

1）加强重大危险源场所安全仪表系统的管理。安全仪表系统必须有很高的可靠性（即功能安全）和规范的维护管理。如果安全仪表系统失效，往往会导致严重的事故。防止储罐发生超温、超压、超液位运行现象，就要高度重视安全仪表的作用。化工装置的独立保护层呈"洋葱"形分布，如图4-3所示。"洋葱模型"诠释了预防事故的各保护层设置情况，只有有效进行层层设防，才能防范重特大事故的发生。

重大危险源企业要确保安全仪表系统功能完善、投运正常，仪表安全完整性

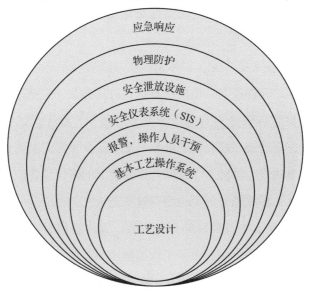

图4-3　洋葱模型

等级要符合《石油化工安全仪表系统设计规范》（GB/T 50770—2013）的规定。长期未用或检修后重新投用的仪表系统在再次投用前应进行调试。

2）加强设备完好性管理，严禁"带病"运行。《危险化学品企业安全风险隐患排查治理导则》明确了设备"带病"运行的几种情况。防范重大危险源重特大事故，就要高度重视设备设施的维护管理，及时对发现的隐患问题进行整改，避免出现"带病"运行现象。

3）强化重大危险源监测监控设施的配备及管理。要按照重大危险源管理要求，配备温度、压力、液位、流量等监测系统及有毒、可燃气体检测报警系统，设置的视频监控系统要确保对重大危险源场所全覆盖，罐区视频监控要保证能覆盖储罐顶部。

4）要加强工艺纪律管理，严格交接班制度。执行工艺纪律的内容主要包括遵守操作规程，严控工艺指标，认真做好巡检，按时做好记录，及时处理报警，准确排除异常等各个方面。交接班制度则是从事连续生产的作业人员进行交接班时应该遵守的工艺纪律。

化工岗位交接班主要内容如下：

①交接本班生产负荷、机组配置情况、工艺指标、产品质量和任务完成情况，原料、燃料和辅助材料消耗和存量情况。

②交接各种设备、仪表运行情况及设备、管道坚固和跑冒滴漏情况。

③交接不安全因素及已采取的预防措施和事故处理情况。

④交接原始记录是否正确完整和岗位辖区内的定置定位、清洁卫生和其他工种在辖区内活动情况。

⑤交接上级指令、要求和注意事项。

严格做好交接班，对化工企业至关重要，也是厘清事故责任的重要依据。化工生产交接班不清，也可能导致事故发生，如浙江某医药公司"1·3"爆燃事故和吉林省某石油化工股份有限公司"2·17"爆炸事故等。

加强工艺纪律管理还体现在化工操作人员在任何情况下均不得随意修改工艺报警值。确需修改工艺报警值的，须在履行变更管理程序后，由仪表专业人员完成。仪表专业人员不得赋予控制室操作人员修改工艺报警值的权限。

5）加强应急管理。要严格吸取事故教训，在消防泵房和消防控制室等全厂重要设施的位置选择以及防火堤的设计建设过程中，必须严格按照标准要求进行，避免扩大事故后果或发生二次事故。同时提高操作人员安全意识，准确判断异常工况并及时采取相应措施。

2. 临沂金誉石化有限公司"6·5"罐车泄漏重大爆炸着火事故发生的原因是什么？应该从中吸取哪些事故教训？

2017 年 6 月 5 日 1 时左右，临沂金誉石化有限公司储运部装卸区的一辆液化石油气运输罐车在卸车作业过程中发生液化气泄漏，引发重大爆炸着火事故，装卸区内停放的运输车辆罐体爆炸残骸等飞溅物击中周边设施、物料管廊、液化气球罐、异辛烷储罐等，致使 2 个液化气球罐发生泄漏燃烧，2 个异辛烷储罐发生燃烧爆炸。冲击波还扩散到控制室，造成控制室损坏。事故共造成 10 人死亡、9 人受伤，直接经济损失 4 468 万元。金誉石化有限公司爆燃事故现场如图 4-4 所示。

图 4-4　金誉石化有限公司爆燃事故现场

（1）事故直接原因。肇事罐车驾驶员长途奔波、连续作业，在午夜进行液化气卸车作业时，没有严格执行卸车规程，出现严重操作失误，致使快装接口与罐车液相卸料管未能可靠连接，在开启罐车液相球阀瞬间发生脱离，造成罐体内液化气大量泄漏。现场人员未能有效处置，泄漏后的液化气急剧气化，迅速扩散，与空气形成爆炸性混合气体达到爆炸极限，遇点火源发生爆炸燃烧。

（2）事故间接原因如下：

1）该公司未落实安全生产主体责任。企业对存在的安全风险特别是卸车区叠加风险辨识和评估不全面，对高风险的管控措施不落实，从业人员素质和化工专业技能不能适应高危行业安全管理的需要。

2）特种设备安全管理混乱，未依法取得移动式压力容器充装资质和工业产品生产许可资质，违法违规生产经营，特种设备管理和操作人员不具备相应资格和能力。

3）卸载前未严格执行安全技术操作规程，对快装接口与罐车液相卸料管连接可靠性检查不到位，流体装卸臂快装接口定位锁止部件经常性损坏且更换维护不及时。

4）危险化学品装卸管理不到位，连续 24 小时组织作业，10 余辆罐车同时进入装卸现场，超负荷进行装卸作业。

5）事故应急管理不到位，预案编制针对性和实用性差，未根据装卸区风险特点开展应急演练和培训。出现泄漏险情时，现场人员未能及时关闭泄漏罐车紧急切断阀和球阀，未及时组织人员撤离，致使泄漏持续超 2 分钟直至遇到点火源发生爆燃，造成重大人员伤亡。

（3）事故启示及防范措施建议如下：

1）危险化学品生产、经营、运输企业要加强危险化学品装卸环节的安全管理。建立和完善危险化学品装卸环节的安全管理制度，严格执行危险化学品装卸车操作规程，液化气体装卸作业时应对接口连接可靠性进行确认。

2）企业应提高应急管理水平。要针对装卸环节可能发生的泄漏、火灾、爆炸等事故，制定操作性强的事故应急预案，特别是完善现场处置方案，定期组织操作人员进行应急预案培训和演练，配备必要的应急救援器材，提高企业事故施救能力。

3）合理组织装卸车作业。要科学评判集中装卸作业可能存在的风险叠加现象，合理布置装车区和待装区，减少人员和车辆密集程度，防止发生多米诺效应。

4）加强设备完好性管理，装卸作业时不仅要检查接口可靠性，还要增强容错功能，避免失误现象发生。

5）加强对控制室的抗爆性设计，做到控制室、机柜间不得朝向具有爆炸危险性的生产装置。

3. 江苏德桥仓储有限公司 "4·22" 较大事故发生的原因是什么？应该从中吸取哪些事故教训？

2016 年 4 月 22 日 9 时 13 分左右，江苏德桥仓储有限公司储罐区 2 号交换站发生火灾，事故导致 1 人（消防员）死亡，直接经济损失 2 532.14 万元。

（1）事故单位简介。江苏德桥仓储有限公司共有储罐 139 个，储存能力超过 58 万 m^3。事故发生前储存有汽油、石脑油、甲醇、芳烃、冰醋酸、醋酸乙酯、醋酸丁酯、二氯乙烷、液态烃等 25 种危险化学品，共计 21.12 万 t，其中，油品约 14 万 t，液态化学品约 7 万 t，液化气体约 1 420 t。

该仓储公司分南、北 2 个罐区，共有 11 组罐组。北罐区由东向西依次为 11 罐组、12 罐组、13 罐组、14 罐组、15 罐组，共 5 组罐组，共 52 只立式储罐；南罐区由东向西依次为 21 罐组、22 罐组、23 罐组、24 罐组、25 罐组（2505 ~ 2510 储罐建成后拆除）、9 罐组（球罐），共 6 组罐组，共 66 只立式储罐和 21 只球罐。罐区内还设置了泵房、集污池、1 号交换站、2 号交换站等相关辅助设施。

（2）事故发生经过如下：

1）事故发生前的现场作业情况。事故发生前，2 号交换站内存在以下 4 种作业：

①过驳作业。该作业持续到 4 月 22 日事故发生时。

②倒罐作业。从 4 月 21 日 21 时开始，2409 储罐与 2405 储罐之间倒罐汽油 760 t，作业持续到 4 月 22 日事故发生时。

③清洗作业。根据德桥仓储有限公司储运部副主任的安排，4 月 22 日 8 时 15 分左右，储运部 3 名操作工开始清洗 2507 管道（曾用于输送混合芳烃），清洗后的污水直接流入地沟。8 时 30 分左右，储运部 3 名操作工开始打捞地沟及污水井水面上的浮油。

④动火作业。根据德桥仓储有限公司储运部副主任的安排，4 月 21 日 12 时

30分左右，3名装配工开始改造2号交换站内管道。当天下午，3名装配工完成了钢管除锈、打磨和刷油漆等准备工作，并将位于2号交换站内东侧的2301管道割断，在断口处各焊接一块接口法兰。当日动火开具了动火作业许可证，焊接点下方铺设了防火毯。储运部操作工负责监火。

4月22日上班后，3名装配工继续焊接21日下午未焊好的法兰，并对位于2号交换站东北角的1302管道壁底开一直径为150 mm的接口（接口距离地面垂直距离约1 m，距离地沟水平距离约1 m），将1302管道连接到2301管道发车泵上。

4月22日事故发生时，2号交换站共有监泵、清洗、动火、监火8名人员在现场作业。

2）事故发生详细经过。4月21日16时左右，装配工甲找到德桥仓储有限公司储运部副主任，申请22日的动火作业。德桥仓储有限公司储运部副主任在动火作业许可证"分析人""安全措施确认人"两栏无人签名的情况下，直接在许可证"储运部意见"栏中签名，并将许可证直接送德桥仓储有限公司副总签字，德桥仓储有限公司副总直接在许可证"公司领导审批意见"栏中签名。18时左右，装配工甲将许可证送到安保部，安保部巡检员乙在未对现场可燃性气体进行分析、确认安全措施的情况下，直接在许可证"分析人""安全措施确认人"栏中签名，并送给安保部副主任签字，安保部副主任在未对安全措施检查的情况下直接在许可证"安保部意见"栏中签名。

4月22日8时左右，装配工甲到安保部领取了21日审批的动火作业许可证，许可证"监火人"栏中无人签字。8时10分左右，电焊工开始在2号交换站内焊接2301管道接口法兰，装配工甲与打磨工在站外预制管道。安保部污水处理操作工到现场监火。

4月22日8时20分左右，电焊工焊完法兰后到站外预制管道，装配工甲到站内用乙炔焰对1302管道下部开口。因割口有清洗管道的消防水流出，装配工甲停止作业，等待消防水流尽。在此期间，德桥仓储有限公司储运部副主任对作业现场进行过一次检查。

4月22日8时30分左右，安保部巡检员丙和丁巡查到2号交换站，安保部巡检员丁替换安保部污水处理操作工监火,安保部污水处理操作工去污水处理站监泵,安保部巡检员丙继续巡检。

4月22日9时13分左右,装配工甲继续对1302管道开口时,立即引燃地沟内可燃物,火势在地沟内迅速蔓延,瞬间烧裂相邻管道,可燃液体外泄,2号交换站全部过火。10时30分左右,2号交换站上方管廊起火燃烧。10时40分左右,交换站再次发生爆管,大量汽油向东西两侧道路迅速流淌,瞬间形成全路面的流淌火。12时30分左右,2号交换站上方的管廊坍塌,火势加剧。事故现场如图4-5所示。

图4-5 事故现场

(3)事故原因分析如下:

1)直接原因。德桥仓储有限公司组织承包商在2号交换站管道进行动火作业前,未清理作业现场地沟内油品,未进行可燃气体分析,未对动火点下方的地沟采取覆盖、铺沙等措施进行隔离,违章动火作业,切割时产生火花引燃地沟内的可燃物。

2)间接原因如下:

①特殊作业管理不到位。动火作业相关责任人员德桥仓储有限公司副总、储运部副主任、安保部副主任、安保部巡检员乙等人不按动火作业许可证签发流程审批,未对现场作业风险进行分析,未确认安全措施。在动火作业许可证已过期

的情况下，违规组织动火作业。

②事故初期应急处置不当。现场初期着火后，德桥仓储有限公司现场人员未在第一时间关闭周边储罐根部手动阀，未在第一时间通知中控室关闭电动截断阀，未第一时间切断燃料来源，导致事故扩大。德桥仓储有限公司虽然制定了综合、专项、现场处置预案，并每年组织演练，但演练没有注重实效性，没有开展员工现场处置岗位演练，员工第一时间应急处置能力不足。

③工程外包管理不到位。德桥仓储有限公司对工程外包施工单位资质审查不严，未能发现无资质人员顾某以华东公司名义承接工程。对外来施工人员的安全教育培训不到位，在 21 日 3 名装配工进场作业前，安保部巡检员对其教育流于形式，未根据作业现场和作业过程中可能存在的危险因素及应采取的具体安全措施进行教育，考核采用抄写已做好的试卷的方式。德桥仓储有限公司储运部副主任、安保部巡检员丙 2 人曾先后检查作业现场，安保部污水处理操作工、安保部巡检员丁先后在现场监火，都未制止施工人员违章动火作业。

④隐患排查治理不彻底。未按相关文件要求组织特殊作业专项治理，消除生产安全事故隐患。德桥仓储有限公司先后因违章动火作业、火灾隐患等多次被有关部门责令整改、处以罚款。2016 年 3 月，2 号交换站曾因动火作业产生火情。

⑤德桥仓储有限公司主要负责人未切实履行安全生产管理职责。德桥仓储有限公司总经理未贯彻落实上级安监部门工作部署，未在全公司组织开展特殊作业专项治理，未及时启用新的动火作业许可证；对公司各部门履行安全生产职责督促、指导不到位，未及时消除生产安全事故隐患。

（4）事故启示及防范措施建议如下：

1）落实企业安全生产主体责任，强化现场安全管理。严格遵守国家法律法规的规定，落实安全生产主体责任，切实做到"五落实五到位"。通过建立健全安全生产责任制、规章制度和操作规程，真正把安全生产责任落实到每个环节、岗位。

2）完善特殊作业管理制度。加强现场作业管理，动火作业前进行可燃气体分析，及时清理作业现场易燃油品，安排动火作业监护人进行监护，杜绝擅自动火作业的行为。

3）加强承包商管理。近年来，企业工程外包现象比较普遍，尤其是一些检维修作业往往和企业生产交叉进行，致使安全生产风险增加。企业应加强对承包商作业资质审核，防止发包给不具备安全生产条件的单位，同时将承包商人员纳入本单位员工进行统一管理，并按有关要求进行安全教育培训。

4）加强安全教育培训工作，增强员工安全意识和事故防范能力。加强应急管理，完善应急预案，增强预案的适用性、针对性，定期组织开展综合演练、专项演练，尤其是现场处置岗位演练，提升企业员工第一时间处置突发事故的能力，防止事故扩大。

4. 大连中石油国际储运有限公司"7·16"特别重大输油管道爆炸火灾的原因是什么？应从中吸取哪些事故教训？

（1）事故发生基本情况。2010 年 7 月 16 日 18 时许，大连中石油国际储运有限公司原油罐区输油管道发生爆炸，造成原油大量泄漏并引起火灾，持续燃烧 15 h，事故造成 103 号原油储罐和周边泵房及港区主要输油管道严重损坏，原油流入附近海域，造成环境污染。事故还造成 1 名作业人员失踪，灭火过程中 1 名消防员牺牲。

该公司一期原油罐区位于大连新港，建有 6 个储罐，库存能力 60 万 m^3；二期原油罐区内建有 14 个储罐，库存能力 125 万 m^3。地形呈"西高东低、南高北低"。

2010 年 7 月 15 日，油轮开始向该公司原油罐区 304 号原油罐卸油，同时承包商作业人员开始通过罐区内 2 号输油管道排空阀向管道注入脱硫化氢剂。7 月 16 日 13 时 20 分，加剂人员在接到油船已停止卸油的通知后，仍继续加注脱硫化氢剂。18 时 02 分，加注点东侧 2 号输油管道立管处发生爆炸，引起火灾，导致 103 号原油储罐起火。18 时 20 分，罐区电力系统损坏，罐区断电，消防系统不能正常工作，罐区阀门不能关闭，致使火势扩大。

16 日 23 时 30 分，在经过大连市消防员扑救后，火势得到初步控制，最初发生爆炸的输油管道（直径为 900 mm）大火被扑灭。但是与原油储罐相连的管道

（直径为 700 mm）仍在燃烧，储罐与输油管道之间的阀门被烧坏，无法切断原油，原油从油罐中持续流出、起火。7 月 17 日凌晨，地面流淌的原油通过罐区排水系统出口流入海域，造成污染。至 17 日 14 时左右，火势完全被扑灭。

事故造成 103 号原油储罐（10 万 m³）被完全烧毁，油罐一侧已塌陷，邻近的输油管道受损，一期罐区油泵房、计量间、变配电间、消防泵房被烧毁，罐区南部控制室被烧毁。事故现场如图 4-6 所示，烧毁后的 103 号原油储罐如图 4-7 所示。

图 4-6　事故现场

（2）事故原因分析如下：

1）事故发生的直接原因如下：

①违规进行加剂（脱硫化氢剂：含 85% 双氧水）作业。在油轮暂停卸油作业的情况下，继续加入大量脱硫化氢剂，造成双氧水在加剂口附近输油管段内局部富集。

②输油管内高浓度的双氧水与原油及铁锈等杂质接触发生放热反应，致使管内温度升高。

③在温度升高的情况下，双氧水与管壁接触，亚铁离子促进双氧水的分解，

图 4-7　烧毁后的 103 号原油储罐

使管内温度和压力加速升高，形成"分解—管内温度、压力升高—分解加快—管内温度、压力快速升高"的连续循环，引起输油管道中双氧水发生爆炸，原油泄漏，引发火灾。

2）事故发生的间接原因如下：

①安全主体责任不落实。整个罐区管理混乱，层次较多，没有执行"谁主管，谁负责"的原则，造成安全主体责任不落实，安全监管不到位。

②变更管理不善。此次作业中，加剂工艺发生了变更，原油脱硫化氢剂生产厂家发生变更，脱硫化氢剂的活性组分由有机胺类变更为双氧水，但是事故单位没有针对这一变更进行风险分析，没有制定完善的加剂方案。

③事故单位对承包商监管不力。事故单位对加入的原油脱硫化氢剂的安全可靠性没有进行科学论证，直接将原油脱硫化氢处理工作委托给承包商，而承包商又进行了转包。在加剂过程中，事故单位作业人员在明知已暂停卸油作业的情况下，没有及时制止承包商的违规加注行为。

④加剂方法没有正规设计，加剂方案没有经过科学论证，违反《中华人民共和国安全生产法》相关要求。

⑤承包商在加剂作业中存在违规加注行为。其作业人员在经济利益的驱使

下，违反设计配比，在原油停输后，仍将 22.6 t 脱硫化氢剂加入输油管道中。

⑥油罐租赁单位未对原油脱硫化氢剂及其使用进行合法性审核和安全论证。

⑦原油接卸过程中指挥协调不力，层次较多，管理混乱。

⑧应急设施基础薄弱。事故造成电力系统损坏，消防设施失效，罐区停电，使得其他储罐的电控阀门无法操作，无法及时关闭周围储罐的阀门，导致火灾规模扩大。

（3）事故教训如下：

1）应认真做好重大危险源场所的总体规划。此次事故中，整个大连大孤山地区规划油品库容达到 $2 \times 10^7 \, m^3$ 左右，分 5 个台阶建设，高差达到 76 m，所储存油品包括原油、成品油、化工原料和 LNG（液化天然气）。此次事故中，溢出的原油向低洼处蔓延，形成流淌火，流淌火流入库区外和相邻库区，造成大连港集团的南罐区油泵房和管道爆炸起火，威胁整个保税区所有油库的安全。港区内原油等危险化学品大型储罐集中布置是造成事故险象环生的重要因素。在建设原油、成品油、化工原料和 LNG 等大库容、多品种储存基地前，应进行详细的安全论证，充分考虑定量风险评估的结果，确保一个库区发生事故时，不会影响整个库区的安全。

在单个企业乃至化工园区重大危险源布局时，同样要考虑单一企业或单一储罐发生火灾时，对相邻企业或相邻储罐的影响。要在严格遵守各项防火标准规范的基础上，运用定量评估方法科学评估事故波及范围，合理布局易燃液体储罐，确保重大危险源火灾损失降低到最小。

2）应高度重视重大危险源场所的供电保障。此次事故发生初期，火灾使得罐区高架电力系统迅速瘫痪，罐区停电，其他储罐的电控阀门无法操作，不能及时关闭周围储罐的阀门，并使消防系统不能正常工作，给火灾规模的扩大提供了条件。对于重大危险源场所的供电设计，应按照《供配电系统设计规范》（GB 50052—2009）要求合理确定供电负荷等级。对于可能导致严重后果的重大危险源，应至少采用双回路电源线路供电，同时设置移动式应急柴油发电机组，确保在断电情况下，保障重要设备的供电。

3）应确保储罐紧急切断阀在事故状态下有效使用。此次事故中，发生火灾的罐区每个罐组集中设置了一个阀组，虽然方便了生产操作、维护和防冻，但一旦阀组处发生火灾，罐组中各罐控制阀门全部烧毁，导致不能有效阻止罐内物料的外流。在选用储罐紧急切断阀时，应充分考虑事故情形下储罐紧急切断阀的正常使用，应按照故障安全性原则选用和设计，必要时设置双阀，确保在事故时能有效切断物料。

4) 应重视变更可能带来的风险，进一步强化变更管理。此次事故的一个重要原因是变更管理不善，事故单位的加剂工艺发生了变更，脱硫化氢剂的活性组分由有机胺类变更为双氧水，但是企业没有针对这一变更进行风险分析，没有制定完善的加剂方案，在采用新工艺后，没有加强对现场作业的监管，从而导致在加剂过程中发生严重事故。

重大危险源企业应高度重视变更管理工作，清醒认识到变更可能给工艺和设备运行带来的风险。当生产工艺或操作过程变更时，需要对生产工艺及操作过程进行全面的安全性评估，识别和分析影响安全性的关键因素和作业环节。要进行科学的安全论证，全面辨识可能出现的安全风险，采取针对性的防范措施，确保安全。要按照"申请—审批—实施—验收"的管理程序做好变更的全过程管理工作，强化变更风险管控。

5) 要加强对承包商的现场监管。在此次事故发生前，承包商配制了90 t原油脱硫化氢剂，在加剂过程中由于软管鼓泡、脱硫化氢剂泄漏、软管与泵连接口处脱落等原因耽误了4 h。在原油停输后，仍坚持把剩余脱硫化氢剂加入原油中，事故单位的现场监管人员对其违规行为未加制止。

企业应加强对承包商的管理，尤其是在重大危险源场所实施作业过程中的安全监管，坚决杜绝非法转包、以包代管现象。加强重大危险源场所直接作业过程的安全监督和管理，严格查处"三违"行为，实现安全作业。

6) 要加强对事故应急池的管理工作。涉及存储可燃、易燃危险化学品的重大危险源企业，应高度重视对事故应急池的管理，加强对防火堤的维护，防止堤内液体渗漏到堤外，同时做好罐区排水系统的管理，保证污水泵完好可用，污水池有效容积满足事故情况下承载事故污水的需要。

7) 要充分发挥重大危险源包保责任人的作用。重大危险源场所一旦发生事故，往往后果严重。此次事故也暴露出企业管理层级繁杂、职责不清、疏于作业现场管理的问题。重大危险源包保责任人要承担自己应尽的责任，按照包保责任制要求，落实包保责任。主要负责人要实施好各项管理制度，抓好人员责任落实；技术负责人要加强承包商管理和变更管理；操作负责人要加强作业现场的安全管理。只有齐抓共管，才能确保重大危险源的安全。

参考文献

［1］尚勇，张勇. 中华人民共和国安全生产法释义［M］. 北京：中国法制出版社，2021.

［2］中国安全生产科学研究院. 安全生产法律法规［M］. 北京：应急管理出版社，2019.

［3］国家质量监督检验检疫总局. 固定式压力容器安全技术监察规程：TSG 21—2016［S］. 北京：新华出版社，2016.

［4］国家安全生产监督管理总局. 立式圆筒形钢制焊接储罐安全技术规程：AQ 3053—2015［S］. 北京：煤炭工业出版社，2015.

［5］余文光，孟邹清，方来华. 化工安全仪表系统［M］. 北京：化学工业出版社，2021.

［6］杨启明，马廷霞，王维斌. 石油化工设备安全管理［M］. 北京：化学工业出版社，2008.

［7］蒋军成. 化工安全［M］. 北京：机械工业出版社，2021.

［8］李莹滢. 消防器材装备［M］. 北京：化学工业出版社，2021.

［9］赵劲松，粟镇宇，贺丁，等. 化工过程安全管理［M］. 北京：化学工业出版社，2021.

［10］孙丽丽，等. 危险化学品安全总论［M］. 北京：化学工业出版社，2021.

［11］王凯全，时静洁，袁雄军，等. 危险化学品储运［M］. 北京：化学工业出版社，2020.

［12］蒋军成. 危险化学品安全技术与管理［M］. 3版. 北京：化学工业出版社，2019.

［13］刘强. 化工过程安全管理实施指南［M］. 北京：中国石化出版社，2017.

［14］中国化学品安全协会.《危险化学品企业安全风险隐患排查治理导则》应用读本［M］. 北京：中国石化出版社，2019.

［15］中国安全生产科学研究院. 安全生产专业实务·化工安全［M］. 北京：应急管理出版社，2019.